# 糗事一箩筐

最幽默最倒霉最尴尬的糗事大集结

吴银平 著

Wuhan University Press
武汉大学出版社

**图书在版编目(CIP)数据**

糗事一箩筐/吴银平著. —武汉：武汉大学出版社，2014.2
ISBN 978-7-307-12165-2

Ⅰ．糗… Ⅱ．吴… Ⅲ．人生哲学－通俗读物 Ⅳ．B821-49

中国版本图书馆CIP数据核字(2013)第272211号

责任编辑：袁 侠　　　　责任校对：任落落　　　　版式设计：张金花

出版：**武汉大学出版社**　　（430072　武昌　珞珈山）
发行：**武汉大学出版社北京图书策划中心**
印刷：北京毅峰迅捷印刷有限公司
开本：710×1000　　1/16　　印张：17.5　　字数：266千字
版次：2014年2月第1版　　印次：2014年2月第1次印刷
ISBN 978-7-307-12165-2　　定价：35.00元

# 长这么大了，谁没糗过

　　每当说错了话，办错了事，走错了路，被人嘲笑，你是否会局促不安，恨不能自己立刻消失，然后责怪自己为什么总是糊里糊涂做出糗事？从小到大做过的糗事简直可以装满一箩筐……

　　每当你的人生遭遇挫折，或一段时期做什么都不顺，你是否会烦躁焦虑，恨不能这个世界立刻消失，并且会抱怨为什么命运之神对你如此不公，让你从出生到现在一直"人在囧途"。

　　每当你被朋友嘲弄，你是否会怒从心中起，希望这个人立刻消失，然后埋怨自己怎么会和这样的人交朋友。

　　很遗憾地告诉你，这些都不会消失，你的人生的确是"糗事一箩筐"，而且在未来很有希望装满两箩筐、三箩筐……

　　生活中似乎总是有太多理由让我们不开心，比如考试挂科，比如找不到工作，比如被老板批评，比如和恋人吵架，比如失恋，比如……从来就没有过恋人。每当我们遇到糗事，难免会尴尬、自责、气愤、埋怨。然而，生活总不会是完美的，即使再小心，也难免会踩到"糗"的炸弹。

　　其实，这也没那么糟糕。那些曾让你尴尬万分、恨不得找个地缝钻进去的糗事，过一段时间回头再看，你大概只会会心一笑，感叹："哈哈，那时候我是多么可爱啊！"

　　所谓幽默，是一种积极的人生态度。一个人有幽默感，不体现在他会讲多少笑话,他多能逗人开心,他讲话多么笑料迭出精彩绝伦,而在于他有没有自嘲的精神,有没有换一种心态思考问题的智慧,有没有乐观面对生活"囧事"的勇气。抖着机灵生活太累了,也根本不好玩,反倒是天真和朴实,更接近幽默的本质。

这部书中的"我",是最普通不过的一名"北漂"青年。他生长在普通的家庭,考着不高不低的分数,虽不曾"命犯桃花",到底有了一位彼此相爱的女友,没房没车没背景,在北京这座城市做着一份给他收入也给他烦恼的工作。一路走来,留下一路糗事。然而,这并没什么可沮丧的。用糗事记录成长,记录人生,未尝不是一个特别的方式,毕竟"长这么大了,谁没囧过?""囧"是人生本色,"囧"是人间真味,"囧"是命运永恒的主题,"囧"——简直就是你成长过程中"一道亮丽的风景线"!

而且你会发现,不仅你会遭遇糗事,你威严的老爸,高高在上的领导,学霸级的同学,业绩最突出的同事,你心中仰慕万分的女神,你心中嫉妒万分的情敌,也无一不犯糗。看到这里,你如果想到了什么可笑的事,请尽管放声大笑——你看,原来不光你人在"囧"途,他们也会身陷"囧"境呢。命运之神就是以这种特别的方式,实现了人人平等。

所以说,"忙里可偷闲,苦中能作乐"是一种让人羡慕的天赋。"傻"一点、"贱"一点没什么不好,犯些小糗无伤大雅,反而让你显得真实可爱,亲切活泼——这就叫"剑走偏锋"的智慧。

你永远别想战胜生活,你最多只能和它做朋友。这个朋友,可能喜欢发小脾气,让你难堪,从不给你留面子,经常让你下不来台,并在你最窘迫的时候嘲笑尴尬的你……总之,它并不好相处,但是,它却会教会你很多东西,给你很多启迪,让你变得更好。学会享受生活给你的折磨,欣赏它带给你的糗事,正是和它成为好朋友的第一步。

这本小书中,有集普通、文艺、犯二于一身的神奇青年——"我",有"我"时常冒傻气的女朋友,有刻薄蔫损怕老婆却不失幽默感和人情味的经理,有风流倜傥、纵横情场时常翻船的张公子,有油嘴滑舌的阿发,有让你欢喜让你忧的建国……他们都曾犯囧,他们都曾流泪,这就是幽默的代价。

　　在你烦躁时、焦虑时、无聊时、寂寞时，不妨来翻一翻这本小书，看一看他们的故事，你会发现，他们其实就生活在你身边，甚至你也生活在他们身边。那些年，你们一起做过的糗事，今天想来也许还会脸红，但也成了你们共同拥有的温暖的回忆。这也正是本社编写此书的用意——希望这些"糗事"能为读者带来一丝温暖和欢乐，也希望能用幽默的态度和自嘲的精神感染读者，让读者在一件件小事中，体悟到生活的本质意义。也或许我们并不能给你这样多的启发，但仅仅是博你一笑，也已经足够。

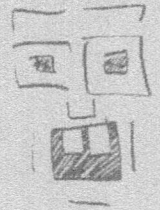

# 目　录

第三章
劲爆青春录

## 第六章
## 办公室爆笑录

# 糗事一箩筐

────────── 第一章 ──────────

# 童言无忌录

## 关于不同星座小孩的搞笑对话

1. 白羊座

我有个白羊座的表妹，极其活泼好动，有事没事就蹿出去疯，姑妈实在是拿她没辙。有一次，表妹又嚷着要出去，姑妈耐心地说道："告诉过你不要和那帮小男生们凑在一起，你还带着我给你新买的玩具熊熊出去，你和他们熟，可你的熊熊不熟啊！你要考虑到熊熊的感受吧。"

表妹听完后，乖乖地回到了自己的房间。第二天一大早，表妹就兴高采烈地准备出门，姑妈连忙拦住她，说道："不是不让你出去了，你的玩具熊熊认生的。"

表妹开心地说："我知道，妈妈，熊熊被我放进烤箱里烤了半小时呢，现在已经熟了，我可以出去了。"

姑妈听完后立马笑喷了。

2. 金牛座

我带着金牛座的侄子去小区的水果摊买梨，小贩熟练地对我说："正宗的沧州鸭梨，你看这个又大又甜，你可以免费尝一尝。"

饥渴的侄子拣起那个鸭梨，抢着说道："真的啊，吃完它就够了。走，叔叔！"说完，侄子就一手拿着大鸭梨一手拽着我的衣角急欲离开。我尴尬地看着小贩，从衣兜里掏出了钱包。

3. 双子座

大伯让我教他双子座的孙子吃黄瓜蘸酱，由于我们都是南方人，所以侄子以前没有这样吃过。

我对侄子说："你蘸着吃，这么好不好吃？"

侄子小心翼翼地站了起来，又吃了一口黄瓜，楚楚可怜地说道："味道还是一样的！"

我有些不耐烦，说话的声音大了起来，侄子瘪起了嘴，说："我站起来了啊，可是吃起来还是一样的。"

我突然反应过来，差点笑破了肚皮。

4. 巨蟹座

旅游车上，一巨蟹座的女孩抱着她爸爸的脖子亲了一口，说："爸爸，我是不是可以一直这么亲你啊？"

爸爸笑着说："当然不行，你长大了要成为别人的老婆，就不能再这么亲我了。"

女孩耷拉着脑袋，说："那，妈妈为什么可以想亲你就亲你？"

爸爸摸着女孩的头，说："因为妈妈是爸爸的老婆啊。"

女孩眼光一亮，笑着说道："让妈妈只做我的妈妈，不做你的老婆，我来做你的老婆，那我就可以一直亲你了。"

此时，旁边的我实在忍不住笑出声来，女孩的爸爸一脸无语。

5. 狮子座

奶奶八十大寿，在饭店里摆了很大的筵席，很多亲戚都来了，自然少不了很多的小孩子。其中有一个男孩叫塔塔，他把摆在桌上的八宝粥打翻到了地上，他觉得很可惜，于是用手舀起就往嘴里送。就在这时，狮子座的侄女薇薇恰好看见了，于是就朝我这边跑来，然后摇着我的手说："叔叔，你看塔塔，他好像吃多了还吐了，可是他还把吐的东西捡起来吃了。"

我此刻正在喝着银耳莲子羹，一听完薇薇的话，我顿时有了呕吐的冲动。

6. 处女座

处女座的姐姐六岁时对父亲的胡子很感兴趣，于是就问："爸爸，你为什么总是把那些胡子剃掉啊？不剃不行吗？"

我记得当时父亲这样回答："胡子太长了显得没精神，剃干净后就精神多了。"

姐姐貌似懂了，很快她也拿起剪刀将我家老猫的胡子给剪光了，她当时还对我说道："弟弟，你知道咱家猫为什么老爱睡懒觉了吧，就因为胡子太长了，一直没精神。"我非常清楚地记得我当时居然认真地信了。

7. 天秤座

邻居家的孩子跑来对我说："哥哥，我妈妈给我向老师请假了，说今天要带我去镇上拜菩萨。菩萨是什么？我能不能天天去拜他？"

我笑着说："天天？当然不可以，菩萨是神灵，不能老去拜，这样他会生气的。"

邻居家孩子发挥着他天秤座的傲慢秉性大声说道："我不管，他生气就生气，我开心就成。"

听完他的话，我一时间不知道说什么好了。

8. 天蝎座

奶奶嫌姐姐的孩子太吵了，于是就把自己的耳朵用东西捂了起来。姐姐的孩子拿走奶奶耳朵上的东西，说："太奶，你干吗要捂住自己的耳朵啊？"

奶奶说："因为你太吵了，小祖宗啊你听不到吗，你要是听不到自己的吵闹，说明你安生，我也就清净了。"

天蝎座的外甥立马将那东西捂住自己的耳朵，然后对着奶奶说道："这回我听不到了，我大声叫着就不碍你事了，你也就清净了啊。"

奶奶听完后只得呆呆地看着这位小祖宗。

9. 射手座

射手座的唐唐问叔叔："爸爸，你怎么老是抽烟啊？"

叔叔说："烦的。"

唐唐乖乖地说："哦，我晓得了，那前面的烟囱老抽烟也肯定是烦的。"

叔叔看着在一旁的我，说道："这个，这个你问你哥哥去。"

10. 魔羯座

辉辉是魔蝎座，他特别懒。

一次阿姨把辉辉交给我，让我帮着看一会儿。于是我带他去公园里遛弯，突然，雨就下起来了。

我赶忙拉着他的手说："我们赶紧往前跑，等雨大了就跑不了了。"

辉辉懒懒地说："我可跑不动，前面不还是有雨吗，我干吗要跑呢？"

11. 水瓶座

大姨家的外甥牛牛在我家玩，由于我家客人多，来来往往的，牛牛问我妈妈："姨奶奶，为啥你总是对别人说'下次再来'呢？"

妈妈慢慢地解释道："这样表示我们好客，这是礼貌。"

牛牛点了点头，接着就把我往门外推，对着我说："下次再来。"

我当时那个郁闷啊。

12. 双鱼座

我小时候奶奶特别喜欢跟我讲她以前挨饿的日子，说她当年因为没吃的只能啃树皮。记得有一次我这样回奶奶："哦，奶奶，你以前就应该来找我，我还藏着两盒饼干呢。"奶奶听完后，再也没有说过她的"以前"。

# 没想到幼儿园老师也搞笑

高中同学十年聚会之际，我碰到了依然美丽的同桌方珊珊，她当年的梦想就是做一名幼师，于是我问："听说你如愿以偿地当上了幼儿园老师，现在你的世界是不是充满了童真的美丽啊？"

方珊珊皱着眉头说："别提了，童真是童真，可更多时候不见得美丽，无语凝咽还差不多。"

"咋的了，那帮小屁孩还斗得过咱们班的高智商美女不成？"我一脸惊讶地问她，显然我非常好奇，想知道下文。

"就说我手底下最乖的那个女孩珍珍吧，非常喜欢穿裙子，然后还喜欢和一堆男孩子一起玩，我每次都跟她说穿裙子要注意点，不能玩疯了，这样会把内内露出来，这让男孩子看到不好。"方珊珊皱着眉头说道。

"对啊，您这老师当得很称职啊。"我疑惑地说着。

"是吧，我也这么觉得，不过下面的话就会让你无语了。珍珍立马回我：'没事的，我以后不穿内内就行了，老师我看你也爱穿裙子，也会被男孩看到内内的，你也不穿内内吧，这样男孩子就看不到了。'"

我当时差点没把嘴里的可乐全都喷出去，然后笑道："看来，孩子的天真果然是成人无法比拟的，然后呢，你怎么做的？"

方珊珊鼓了鼓嘴，说："那能怎么做，眼看着珍珍就要把内内脱掉了，我立马拦住了她，然后对她说：'珍珍，这样吧，老师以后也不穿裙子了，就穿长裤，我想和一位同学组成姐妹花，但是她也不能穿裙子，只能穿长裤，你愿意吗？'珍珍听完我的话就嚷着换一条长裤了，我也总算松了口气。"

"嗨，难怪我们班的裙摆美女改走'裤雅'路线了，原来是被珍珍这小妮子气的。看来，小妮子不算最天真的，你比她还要天真，你居然真的这么做了。"我打趣道。

"不这么做怎么办，现在的娃娃们太有创意了，也太较真了，做幼师的就要懂点非常手段。这还不算什么，珍珍算是怪孩子，但还是很乖，至于那些不乖的，就更折腾我了。"方珊珊叹着气说道。

"嗯？说来听听。"我对小孩子的故事越来越好奇了。

方珊珊逗趣地白了我一眼，接着说道："有一位小男生叫杜杜，相当地贪吃，每次吃了自己的不够，还要去抢别的小朋友的吃的，他自己的吃的也从来不会分享给别人。我盘算着好好地调教一下他，想从他手里弄点吃的让他难受难受，可是他从来都是攥得紧紧的，我完全没有办法，总不能硬抢吧。有一次，机会来了，杜杜两只小手里握紧了核桃，可是他尿急了，他得腾出手去嘘嘘。于是就找到了我，说：'老师，我要尿尿，你帮我拿核桃吧！'"

我抢话道："机会来了，看来这一次你要成功了。"

"我也这么认为，可是就在我要接过他手里的核桃时，杜杜突然缩回了手，对我说：'老师坏坏，老师想吃杜杜手里的东西，我不能让你帮我拿，这样会被你吃光的。'我笑着说：'不会的，你还不相信老师吗？你看前面的扫地奶奶总是对我笑，老师还不认识她，她都这么信任老师。'我正在为自己给出的理由窃喜的时候，杜杜连忙跑到那位奶奶旁边，对她说：'奶奶，您咬得动核桃吗？'老奶奶回答：'奶奶有牙周炎，牙齿在四十岁的时候就已经掉得差不多了。核桃我是吃不动的，谢谢你小朋友。'杜杜兴奋地说：'太好了，您帮我拿一下核桃吧！'"

"艾玛，这杜杜果然够得上吃货的雅称，还很聪明，看来你真是斗不过他。"我回答道。

方珊珊挑了一下眉毛，假装恶狠狠地说道："小样儿，敢跟我斗，老师可不是那么好惹的。我走到那位奶奶的跟前，跟她说：'奶奶，这孩子的核桃放在我这里，您安心扫地吧。'那位老奶奶便把核桃给了我，我于是就把这核桃分给了那些曾被杜杜抢过食物的小朋友，我那一刻的得意劲儿就别提了。可最后杜杜回来后……"

"咋了，杜杜没认栽吗？"我问。

"杜杜一看自己的核桃被小伙伴们吃了，就哇哇地哭了起来，我怎么哄也哄不好。我最后实在是没有办法，就去了趟商店买了两斤大核桃给了他，他立马就不哭了，可怜了我的五十元人民币啊。"方珊珊此刻一脸的心疼状。

"别跟孩子斗，你斗不过的。孔子老人家都说过'唯女子与小人难养也'，小人不就指孩子吗？"我装模作样地安慰她。

方珊珊很不屑，说："我就不信了，小人难对付，女人更难对付，更何况我还是女老师，我就不信了，还斗不过这帮小人。等着吧……"

我实在听不下去了，再听下去我的肚子就得笑破了，于是我拉着方珊珊去和同学们一起 K 歌了。

## 身边好多"傻"宝宝

过年回家，我最大的乐趣就是跟身边的小孩子们在一起玩，总感觉自己还没有长大，还能够享受到那一份原始的纯真。后来，我发现我错了，很多孩子"傻"得让我节操都碎了一地。

小多是堂哥家的孩子，不到三岁，说话还不太清楚，却总是喜欢跟在我屁股后面转，不为别的，就因为我常常会给他点小诱惑，什么阿尔卑斯啊，什么爽歪歪之类的。小多有一个毛病，不给他吃的，他就会用他的牙咬我，这让我很生气。当然每次我都会拿食物去诱惑他让他叫我叔叔，他总是奶声奶气地回应我。

有一次，他又咬我了，这次劲儿用大了，别看是小乳牙，咬起人还真挺疼的，我一句粗话脱口而出："你爷爷的！"

只见小多立马回我："不对，是我叔叔的！"

听完小多的话，我那个囧啊，差点没郁闷死。

说了小多，再说说我叔家的孩子楠楠，叔叔很晚才结婚，所以孩子也很小，四岁生日才刚过。一天，叔叔让我帮着看一下楠楠，他出去办点儿事情，我答应了。为了和她混熟，我就找各种话题和她套近乎。

"楠楠，你看你一个人多寂寞啊，你看看哥哥过年回来，才有人陪你玩。哥哥小时候，还有我姐姐陪我玩，你让你妈妈给你生个弟弟吧，这样你就不孤单了。"我故意装出一副小孩子的语气对她说。

"不，我不要，我不要弟弟，除非……"楠楠停了一下。

"除非啥？"我问。

"妈妈也说过要给我生一个弟弟，说要从她的肚子里面出来，可我不想要弟弟，除非哥哥当我弟弟才行。”楠楠语气坚定地说着。

“哥哥就是你哥哥呀，怎么能成你的弟弟呢？”我学她噘着嘴说道。

楠楠高兴地说：“这简单，你钻进我妈妈的肚子里，然后我妈妈把你生出来，你就可以做我的弟弟了。”

楠楠的话一说出来，我就傻了，一时间还真不知道怎么去回她的话。

炎炎是姐姐的宝贝，姐姐总对我说炎炎骨子里有一种与生俱来的艺术天赋。她的论据是，炎炎有事没事老是犯傻发愣，一定是体内的艺术天赋需要觉醒，因为大多数艺术家都是傻傻愣愣的。我自认为对艺术有些浅薄的认识，于是自告奋勇地答应帮忙唤醒小外甥的艺术细胞。

于是我叫来炎炎，放了一场音乐会的视频给他看，然后对他说：“炎炎，你看那位拉小提琴穿燕尾服的叔叔多帅啊！”我边指着电视机边说着，我看着炎炎一直盯着小提琴看，没准儿他真对那方面抱有很大的兴趣，而兴趣正是天赋的衍生物。

“一点都不帅，那么小的一块木头锯到现在都锯不断，他还长那么高的个子，一点力气都没有。我在公园里看过一位叔叔，锯一棵那么粗的树，树很快就倒了，他还没公园里的那位叔叔帅呢。”炎炎蛮认真地说。

我那个汗啊，看来我这外甥还真没有这方面的天赋。我转念一想，也难怪，孩子又没见过小提琴，不知道很正常，不能证明他一定没天赋，干脆，就让他唱个歌吧。

于是我问：“炎炎啊，告诉舅舅，你在幼儿园里老师教你学唱歌没？你唱一个给舅舅听吧。”

炎炎想了想，回：“嗯，老师教我们唱了《蓝精灵》，还有《蜗牛与黄鹂鸟》。”

“那你随便挑一首，最好是你最拿手的。”

“好吧，我想想。”炎炎挠了挠头，显然他在想歌词，说，“哦，我记起来了，我开始了……”

“开始吧。”我鼓励着。

“出卖我的爱，逼着我离开，最后知道真相的我眼泪掉下来……”炎炎一边唱着，一边还在跳着舞。

　　那一刹那，我的耳朵都快掉下来了，这广场歌曲的魔力还真不小，连屁大点儿的孩子都模仿得不差分毫。我一想算了，也许炎炎在音乐上压根儿就没有天赋，至少他不是五音不全，这就足以让人欣慰了。

　　他老爸是干建筑行业的，建筑需要极高的审美眼光，他有这方面的天赋也说不定。于是我找来了积木，对他说道："这样吧，你把这堆积木随便搭出一个东西来，搭完了舅舅就让你出去玩。"

　　一听到"玩"这个字眼，他立马就活泼了起来，浑身都有劲了。他看着一篮积木，非常迅速地将它们倒在地上，然后将其排成一横排，满意地回我："舅舅，堆好了，我可以出去玩了吧。"

　　我一脸讶然，问："这是什么？"

　　只见炎炎将这一排积木全都推倒，然后喊："和了！"蔫坏蔫坏地看着我，没等我拦他，就跑出去了。

　　我愣住了，我没测出外甥炎炎在哪方面有天赋，但是我得出了一个结论：这孩子比猴还精，傻愣都只是表象。看来嘛，宝宝聪不聪明，不能靠表面来判断啊。

# 小朋友们的经典造句

　　我一大学哥们儿毕业了就去小学当老师了，这也难怪，现在就老师工作算稳定的。这哥们儿刚毕业两年就要结婚了，好家伙把我们都叫去参加婚礼，更令人无语的是他居然让我们帮他改作业，说是自己最近忙婚礼，实在是没时间。这下好了，我们这次是又搭礼金又费精力的，这是哪国的待客之道啊？

　　不过，这活儿我们原本以为一定很枯燥乏味的，结果却让我们超级意外。

　　哥们儿是教语文的，那次作业的内容是造句。

　　改着改着，哥们儿甲突然大叫一声："天哪，这孩子造句太有创意了，你猜猜这位小家伙是怎么用'先……再……'造句子的？"

　　哥们儿乙说："无非就是先吃饭再洗澡，先起床后穿衣服之类的呗，一小学生能有什么创意。"

　　我不以为然，反驳道："那可不一定，小学生的思维可是最活泼的。你看我手上刚看的这本作业上关于'先……再……'的句子就很不一样，他这样写道：'先辈，再吃点。'这个看起来好像挺合适，但是听起来好诡异，估计这家比较重视革命教育，父母经常带这孩子去烈士公园瞻仰先辈。"

　　哥们儿甲忙摇头，说："这个是有点儿创意，不过也太牵强了，跟我这个比简直弱爆了。这孩子是这么写的：'先生，再见！'"

　　我和哥们儿乙听完后立马趴了，看来还是这孩子更有创意。

　　又改了一会儿，哥们儿乙跳了起来，对我们说道："人才啊，绝对的人才！你知道他怎么给'十分'造句吗？"

　　我说："不会吧，我看的这位小朋友关于'十分'的造句也很奇葩，他是这样写的，'萌萌，请把双手合十分开。'这是要合十，还是要分开啊？"

哥们儿甲哥们儿乙听到以后都笑出声来了，哥们儿甲说我原以为这位小朋友造句够怪异，没想到你那个更怪异，'我十分想念范冰冰'这样的句子似乎也没有那么强悍了，不过我总觉得这位小朋友跟王宝强很熟，《泰囧》必然是看过的。"哥们儿乙说："这个算什么，我给你看个最怪异的，这位小朋友是这样写的：'您的话费余额还剩七十元六角十分。'他必然是很爱玩手机，生怕手机欠费了，就经常查话费，都精确到分了——居然还是十分。"

我和哥们儿甲又无语了，一致认为现在的小孩子个个都是天才，把我们这帮成年人彻底征服了。这批作业我们改的时间很长，不是因为有多难改，而是实在被这帮小朋友的诡异造句给吸引住了，不想那么快就改完。我就列举其中几个典型的，绝对能成为经典句子：

活泼：去干活泼妇。（这孩子必然把《爱情公寓》温习得不错，连台词都记熟了。）

从前：小红从前面走来。（我想问问他，谁从后面走来呢？）

欣欣向荣：我的爸爸一站起来就欣欣向荣。（看来这位小朋友的爸爸站起来是植物，坐下去才是人类。）

还有一个更让我们抓狂的：欣欣向荣荣索吻了。（这孩子必然是偶像剧看多了，这一套都学会了。）

还有一位小朋友八成是周扒皮的孩子，连造句都显出斤斤计较的本色，他是这样造句的："一……就……，我去了趟家乐福，光是一个变形金刚就要一百块。"我只想对他说，变形金刚一百块真不贵啊，孩子。

关于"一……便……"的造句也够让我们三人无语的，一同学这样写："我一放学就去买方便面。"我们一致认为这位同学在家受虐待，对吃方便面的欲望太强了。还有同学写："这又不是我第一次在裤子里面便便。"我想这位小同学真需要穿戴一下尿不湿，不然妈妈太难受了。

这种奇葩句子还有很多，要知道我那位要结婚的哥们儿可是带三个年级的语文，我们不得不感慨如今小孩子们的创意思维，这造句的搞笑能力绝对比赵本山还牛，一句句出来的都是经典啊。如果让这些小孩子做春晚语言类节目的顾问，相信春晚肯定不会没人看了。

　　我们三人把改好的作业送到忙着布置结婚现场的哥们儿手里，对他说道："终于明白了你们为什么叫辛勤的园丁了，你要好好的啊！"说完，我们就走了，我回头看了他一眼，只见他翻开作业本看到我们写的评语，愣了几秒，突然失声大笑。

# 王二丫小朋友的二三事

　　一日公司突然停电，众同事实在无聊，就唠起了家常，可怜我这个黄金单身汉也只有听着的份儿。其中大龄女同事安琪是聊得最欢的，她一直在说自己家的女儿王二丫多么多么人精，多么多么不让人省心，我们让她给讲讲。她便开始了祥林嫂吐苦水似的故事叙述。

　　安琪说半年前他老爸准备再购置一套新房子，一家人一起商量着买房子的事情。

　　父亲说："现在存款放在银行里也长不了几个钱，还不如买套大房子，咱们都住进大房子里，以后有个照应。我和老伴的房子，安琪的房子，安盛（安琪的弟弟）的房子都可以暂时空着，等价格好再卖掉。"

　　我弟弟和我也很同意父亲的说法，我弟妹就问道："这钱的事情怎么解决呢？"

　　父亲说："我们两个老人出 20 万，剩下的 50 万你们解决吧。"

　　"我现在只有 20 万，要不然我就全出了。"弟弟说。

　　我当时有些犹豫地说："我目前就只有 35 万的现金，可是还要考虑到孩子的教育经费 10 万元，恐怕我也只能出 25 万了。"

　　父亲皱着眉头说："那剩下 5 万谁出啊？少 5 万块就等于少了一个大的卫生间了。"

　　此刻女儿拽拽我的手，说道："我出，妈妈能借我 5 万块吗？"

　　我有些奇怪，问道："这是你的教育经费啊，我要是把这 5 万块借给你，你以后上学就不能天天喝牛奶和吃奥利奥了。"

女儿满不在乎地回答："不怕，你看看大公园里的卫生间都是收费的。以后这个卫生间就是我的了，你们就需要按次付费了，我就有钱花了。"我们一家人顿时就傻了眼，没想到这孩子居然这么有经济头脑。

我们听完安琪的讲述，都竖起了大拇指，笑着说："看来你生了个会赚钱的女李嘉诚，这么小就知道先投资后收益了。"安琪苦笑着说："要是这样就好了，你们没见她气我的时候。"

原来有一天，安琪和老公还有王二丫去野外郊游，路途很长，他们就听广播解闷。广播里放的是点歌栏目，里面传来温和而又富有磁性的播音员的声音："这首歌呢，是一个女高中生点给她爸爸的，她希望父亲多注意休息，不要只忙着挣钱，忽视了自己的身体。筷子兄弟的《父亲》送给大家，愿天底下的父亲都能够平安快乐。"

安琪对二丫说道："你看广播里的姐姐多孝顺啊，知道心疼自己的父亲，你看妈妈每天都要喊你起床上学，妈妈还得自己去上班，你也不知道关心关心妈妈。"

二丫回道："这个简单，你把手机借我一下。"

安琪很是疑惑，问道："你要手机干吗？"

"我刚才记住了那个点歌的号码，我也打过去帮你点首歌曲。"

"这么好啊，还知道送首歌给妈妈，看来二丫长大了，给你，不过这很难打得通哦。"

二丫拨出了号码，居然还真通了，她说道："叔叔，我想点首歌送给我的妈妈。"

"你想点什么歌曲呢？"播音员的声音更温和了，这个答案安琪也十分好奇，她猜测要么就是《世上只有妈妈好》，要么就是前几天二丫特别喜欢的羽泉唱的《烛光里的妈妈》，反正不管是什么，安琪都很开心。

"我想点一首《女人何苦为难女人》，希望妈妈不要老烦我。"二丫回道。

播音员愣了一会儿，居然还真放了这首歌，只听广播里传来辛晓琪苦情的歌声："女人何苦为难女人，我们一样有最脆弱的灵魂……"

安琪听到后，那一瞬间想死的心都有了，坐在驾驶位置的老公差点没笑折了腰。安琪的老公对着女儿说："二丫真是小猴精，连那么猴精的妈妈都给算计了，你知道什么是小猴精吗？"

二丫随口说道："我当然知道，小猴精就是大笨猴的女儿。"安琪老公听完后，笑容立马僵硬了，这让在一旁郁闷的安琪笑欢了，对着老公说："活该，幸灾乐祸吧，这叫挖个坑自己跳。"二丫依旧若无其事地在玩她的指甲。

听完这个故事后，我们不得不再一次对安琪竖起了大拇哥，都安慰她道："这女儿长大了必然了不得。"安琪看着我们狠狠地叹了口气。很快，来电了，我们就散开去各自工作，显然我们很留恋这次的小侃天，都还想从安琪的嘴里知道王二丫小朋友的二三事，起码可以拿来开心开心，这是工作中放松神经的最好作料。

# 能把你逗哭的小屁孩

　　上个月太累了，就休了年假，也没地儿去，就跑到了堂姐家，她家可比我租的房子宽敞多了，我住起来极其舒服。正好赶上小外甥暑假，我堂姐、堂姐夫平时都很忙，保姆又临时有事回老家，这下可好，我又揽上了重活儿了——照顾小外甥。

　　小外甥上二年级了，堂姐给我下了道死命令，必须好好辅导一下小家伙的数学作业，吃堂姐家的嘴软，没办法，我只得答应了。我这人对待小孩子没啥耐心，好玩点冷暴力。一开始还会仔细地跟他讲讲知识，讲讲做题的思路，可小外甥的脑袋压根就是榆木做的，什么也没记住，依旧是一脸的无辜样，然后嫩声对我说："舅舅，这个我还不会呢。"

　　我那个气啊，就稍稍用劲拍了一下他的脑袋，他倒还是个男子汉，也不哭，就是鼓着嘴显然不高兴。当然，他向堂姐告状也是毫无用处的，堂姐也只会说："活该，谁让你笨的，就应该让你舅舅严厉点，这样你才能开窍。"在屡次申诉未果的情况下，小外甥也就放弃了，乖乖地接受我的"严刑酷打"。

　　一次，我实在受不了了，一道题足足给他讲了四次，同样的题目他还是做错。我就狠狠地拍了他脑袋一下，气愤地说道："我都跟你分析了四遍了，你还是不会，我真怀疑你的脑袋是不是以前被驴踢过。"

　　小外甥愣愣地看着我，有点无辜地说道："我的脑袋才没有被驴踢过呢，只被你拍过，所以我才会这么笨。"

　　看着小外甥无辜的样子，我真是欲哭无泪啊，好家伙全赖在我身上了。我心想要不整整这小家伙，他还不知道谁是舅舅，谁是外甥。保姆不在，堂姐家里自然是少了人打扫，再加上我天生是个懒货，家里就显得更乱了。中午我很不情愿地热了几个菜，温了一下电饭煲里的米饭，就和小外甥一起将午饭对付了。问题来了，这锅碗瓢盆总得洗吧，不能都丢给堂姐啊，于是我坏笑地看着小外甥，以命令的口气对他说："小家伙，这锅碗瓢盆就交给你洗了，你得给我洗干净。"

小外甥很委屈地看着我："我没洗过，不会，我妈都没让我洗过，我不干！"

想跟我斗还嫩了点，我立马回道："你可以不干，等你妈妈回来我就说你偷懒不写作业，还不听我辅导作业。"

堂姐在小外甥心里绝对是"阎王"级的人物，这样的威胁他非常害怕，他也只好乖乖地答应了。我看着他准备要忙的样子，脸上不禁浮现出一抹得意的微笑。我一蹦一跳地走到客厅，躺到沙发上，打开了电视，异常惬意地看着。

大约半小时后，小外甥拿着马桶刷生气地走到我身边，对我说："死舅舅，我洗好了。"

"真乖，听话就是好孩子。"我正准备摸一下他的脑袋，就看见了他手里的马桶刷，顿时瞪大了眼睛，问，"这马桶刷是怎么回事啊？"

"哦，厨台太高，我够不着，我就去卫生间拿来了马桶刷，这样我用这刷子就能够到碗了，我足足刷了三遍了，很干净的。现在该你把池子里的碗放到柜子里了，我够不着。"小外甥骄傲地回答。

"什么？你拿马桶刷刷碗，你确定？"我听完小外甥的叙述，两条眉毛差点没皱成一条直线，我叹道："我的小祖宗啊，让你干这么点儿活，你就给我出这么大的幺蛾子，你够不着可以找个凳子垫垫脚啊。看来你这小家伙是存心跟我过不去，这下好了，我怎么跟堂姐交代啊。"

小外甥的大眼睛眨巴眨巴地看着我，似乎这一切事情都与他无关，我看到他的表情更是欲哭无泪了。头疼，谁让我摊上这么一爱装无辜的外甥呢，好嘛，这"黑锅"还是得我自己背。我也不能告诉堂姐啊，以堂姐的脾气肯定是又得狠揍小外甥一顿，虽然我想整一整这小家伙，但是我还是蛮喜欢他的，他挨揍了我也于心不忍。我只得去淘宝买一套一样的碗盆来做"替身"，还好物流很方便，下午就到了，这害得我足足损失了二百块人民币，我那个心疼啊！

虽然怕我，小外甥还是很愿意和我待一块儿的，在他看来我就是他的大朋友。我被小外甥差点儿逗哭也不是一回两回，记得还有一次，他要去商店，于是就去自己的小金库里找钱，结果从房间里出来就对着我哭，说自己大半年存下来的五十元钱不见了，我想五十元钱也不是什么大数目，也就大方了一回，对他说："没事，舅舅给你五十元，你不哭了，行吗？"说完我就从钱包里抽出来一张绿色的人民币递给了他。他接过后看了一下居然又哭了，我疑惑地问道："小祖宗，怎么还哭啊？"他带着哭腔说："要是不丢的话，我现在就有一百块了，可以买钢铁侠了。"他说完这句话，我差点就哭了。

年假已完，我立马屁颠屁颠地走了，这小外甥太让我抓狂了，我还是去公司受虐比较好，起码能赚回人民币，不会老往外搭钱。

# 臭宝宝不上幼儿园的理由

我没事也喜欢在 QQ 上与一些老友聊天，昨天还和方珊珊聊了好长时间，这一次我又长见识了，看来这幼儿园里真是欢乐多啊。

方珊珊说她最近又遇上麻烦事了，很多宝宝们都旷课，这让她伤透了脑筋。她跟我说了一堆臭宝宝跟她说的不上幼儿园的理由，这些理由差点把我囧死。

最痛心疾首的理由：我家的欢欢丢了，它是我最爱的狗狗，我好伤心啊。妈妈说要去附近的公园找找，我也要去，所以今天我不能去幼儿园了。

最高瞻远瞩的理由：我要去小学里先看一看，这样以后上小学就胆大了，我也就不害怕了。

最胆小怕事的理由：今天轮到我领操了，我好怕怕，所以我就不去了。

最不顾面子的理由：昨天晚上吃太多冰激凌了，今天拉到裤子里了，没裤子穿了，我就不去了。

最令人无语的理由：幼儿园的小朋友一点都不好玩，还跟我抢食物，我决定今天去动物园，那里面才好玩。

最善解人意的理由：我很调皮，每次都惹老师不开心，我不去了，老师就可以省心了。

最苛求公平的理由：昨天老师夸奖磊磊乖，没有夸我，我很难过，今天我就不去了。

最楚楚可怜的理由：每次吃饭我的肉肉都被别的小朋友抢去吃了，我只能吃青菜，还有我的玩具也被他们抢着玩，我个子小打不过他们，我不来了看他们怎么欺负我！

最斤斤计较的理由：上一次我还把自己最爱吃的菠萝包分给丹丹一块，可昨天丹丹吃板栗就没给我，他太抠门儿了，我再也不想见他了。

最有未来感的理由：我觉得今天海螺姑娘要到我的屋子里来给我洗袜子，我想帮她忙，今天就去不成了。

最乖巧孝顺的理由：妈妈剪指甲的时候把手弄破了，我留在家好好地照顾妈妈。

最理直气壮的理由：爸爸说自己得了流行性感冒，不能开车送我去幼儿园了，让妈妈送我去，妈妈一次也没送过，又不认识路，我嘛，就不去了。

最刚正不阿的理由：小米昨天跟我说，前天他不来是故意的，老师拿他没辙，这太不公平了，我今天也不去，看看老师到底管不管。

最缺乏创意的理由：我看到一位老爷爷要过马路，我就去扶他，结果他说自己不认识回家的路了，我就带他回家了，一整天我都在家陪他。

最旁门左道的理由：奶奶说老师你是她的表侄女，她有什么事告诉你一声就给办好了，我跟奶奶说了，让她跟你说我以后都不去幼儿园了。

最寂寞难耐的理由：我的好伙伴露露这两天一直不和我说话，我好孤单啊，所以我就不想去了。

最有好奇心的理由：老师那天看到花花没来，急得要命，这一次我也不去，我想看看老师急不急。

最爱钻空子的理由：妈妈让我吃完饭后自己去洗碗，说不洗就不带我去幼儿园了，于是我就没有洗。

最伤感痴情的理由：我跟茵茵表白了，说我喜欢她，可她说她喜欢大钟，我很伤心，我要在家里哭一天。

最体贴细致的理由：爸爸让我帮忙看住妈妈，他要看世界杯，我没时间去幼儿园了。

最伟大崇高的理由：我要给奥运会的选手们加油，爸爸说听到我们的加油声，他们就能得到冠军。

……

方珊珊从 QQ 里传来这些信息时，我真的彻底服了。我安慰她说："孩子嘛，不爱上学是正常的事，你要理解，起码有这些理由帮你解解闷。"

只见企鹅头像闪了闪，方珊珊的聊天窗口里显示出了一堆菜刀和一堆地雷，我很知趣地没再回她，不然我就成了她发泄的对象了。我仔细想了想，这些臭宝宝们不上幼儿园的理由，有几条值得我借鉴，以后留着向老总请假使，没准儿也好用。

## 辣妈 PK 精明宝贝

有一段时间出差，就住到了高中同学明程家，明程一家子特别好客，尤其是他的老婆萱萱，虽然长得辣性格也辣，但对待客人却十分周到。明程结婚早，现在孩子都五岁半了，孩子名叫牛牛。萱萱说牛牛是个超级甜食控，为了甜食他能豁出去一切，我觉得她说得有点夸张，但是之后几天相处下来，我不得不信了。

刚到明程家，虽然是很长时间的哥们儿，伴手礼还是要的，这其中就包括两斤"徐福记"，当然我买的时候就是因为明程家有个可爱的宝贝。萱萱是个直肠子，一个劲埋怨我买了这两斤糖果，说他们家牛牛又要折腾他们了，非得用最短的时间将这些糖果扫进自己的肚子不可。我想这不至于吧，后来我终于见识到了牛牛的强悍之处。

第一天上午，牛牛找萱萱要糖吃，一开始他是用甜言蜜语来说服萱萱，萱萱可是一等一的辣妈，这一招不管用；紧接着牛牛又开始演戏了，那装哭的样子我在一旁都信以为真了，但是萱萱还是识破了，依旧是不依他。牛牛没辙了，只得乖乖地离开，我以为这就算完了。可牛牛刚迈开没几步，就摔倒了，脑袋狠狠地磕在了沙发沿上，还好这沙发的皮质很软，不然这脑袋必然要起很大的包。牛牛哇哇地哭了起来，那样子惨极了。

萱萱这下急了，牛牛可是他的宝贝啊，急忙跑过去，摸了摸牛牛脑袋上磕到的位置，心疼地说："都怪妈妈，妈妈不应该不给牛牛糖糖吃，妈妈错了，来，妈妈吹一下就不疼了。"

牛牛哭着说："不好使，不好使。你说你错了，那你得改正错误，快，给我糖糖吃。"

　　萱萱一看不能不给啊,宝贝都哭成这样了,她是辣妈可不是后妈啊,只好从柜子里拿出两块"徐福记"递给了牛牛,牛牛接过了糖果立马就笑了。我在一旁顺势说着:"来,牛牛,叔叔帮你剥糖。"牛牛转了转眼珠,说道:"叔叔是客人,不能让客人做事,我自己来吧。"萱萱笑着说:"牛牛真乖!"

　　"那,我这么乖,你是不是得奖励我啊?"显然牛牛是有算计的。

　　"哦,那妈妈奖励你一盒水果味的牙膏怎么样?"

　　"不,我不要,我都有一盒了。"牛牛嘟着嘴说。

　　萱萱轻声地说:"那牛牛想要什么样的奖励啊?"

　　"我还想要两块'徐福记'。"牛牛快速地回答道,看来他预谋已久。

　　萱萱黑了黑脸,说道:"不行,奖励取消了,糖果免谈。"

　　牛牛当然是不敢和妈妈对抗的,他只好放弃了这个念头。可接着他又开始出招了,他将自己刚刚剥好的糖果硬是要放到我的嘴里,还说:"叔叔是客人,要先给客人吃,这是我妈妈说的。"我当时还很开心,想着这孩子真的很懂事,于是就吃下了糖果,可是我错了,只见牛牛看着手里唯一的一块糖果,又开始哭了,跑到萱萱的身边,说道:"牛牛就只有一块糖果了,叔叔吃了一块,你得补我一块。"

　　萱萱气道:"是你自愿给叔叔吃的,怪不了我。好吧,看你很懂事的份上,我就再给你一块。"

　　"你把糖盒放下来,我要挑香蕉味的。"牛牛认真地说。

　　萱萱无奈地说:"好,我就拿下来让你挑香蕉味的。"萱萱从柜子里打开盒子,放到了牛牛的面前,让牛牛自己挑香蕉味的糖果。说时迟那时快,牛牛一把抓住了好几块糖果,迈开腿就往自己的小房间里跑。这下把萱萱气得不轻,她的辣妈本色此刻尽露无遗,一边追着一边嚷道:"牛牛,你给我站在那儿,你要是再敢跑一步,你看我今天怎么收拾你。"牛牛听到妈妈说得那么凶,知道这下糖果肯定是要被没收了,他非常不愿意,情急之下,就把手里的一把糖果全塞到嘴里,连糖纸都没剥掉。

　　"你给我吐出来,现在就吐,说了让你少吃糖,你就是不听,吃多了牙齿坏掉了你以后啥也吃不了了。"萱萱更生气了。

　　牛牛无辜地看着萱萱,他最怕看到萱萱这副表情,因为这就预示着他再不听话就要挨打了，所以他非常不情愿地把鼓在嘴里的糖果全都吐了出来。萱萱看着这几块满是牛牛口水的糖果，想着总不能还放进盒子里吧，于是就准备扔进垃圾桶里。

这时候，精明的牛牛又说话了："妈妈是个坏孩子，妈妈说过浪费东西就是坏孩子，我以后吃饭饭就把剩下的倒掉，哼。"

萱萱为难了，她要做一个言传身教的好妈妈啊，当然是不能让牛牛逮着把柄，不然以后就更难教育牛牛了。所以只好把这几块糖果又归还给了牛牛，对他说："这是最后一次了，吃完这些就不要管我要了，要也没有。"

牛牛兴奋地说："知道了，妈妈，牛牛会很乖的。"说完，牛牛连蹦带跳地跑回了自己的小房间，还把这几块糖果藏了起来，显然这些对于他来说可是宝贵的食品，得留着以后慢慢品味。我在一旁既尴尬又吃惊，尴尬的是我居然被牛牛这小家伙算计了，我不该吃下他剥开的那块糖；我惊讶的是才五岁半的牛牛居然这么精明，那小计谋用的是一个接一个，先是苦肉计，然后是声东击西，再然后就是趁火打劫，我不得不佩服这小家伙。

萱萱看着我，苦笑道："你总算知道这小家伙有多难缠了吧，都是他老爸惯的，都说我是辣妈，可在他手底下，一向是手下败将。"

我附和地说道："那是那是，幸亏我没那么早结婚，不然生个猴崽也能把我这老爷们给折腾死！"

糗事一箩筐

第二章

校园糗事录

# 我和班花之间的尴尬事

　　说起班花，那绝对是班里的宠儿，但凡是男孩子，没有不对班花流哈喇子的。但是班花似乎在很多人心目中都是一个小龙女的形象，艳若桃花，冷若冰霜。打小我就与班花有缘，甚至可以说我就是班花的克星，但是这个克星的形象不是我主动经营的，这其中的尴尬之事很值得在这里说道一番。

　　王美美是我小学班级里公认的班花，她天然萌，有小酒窝，睫毛还长，说话还轻声细语的，班里的男孩子都想和她成为朋友。可她偏偏性格内向，很不爱说话，所以班里男孩子也只能巴巴地看着她，男孩子中能与她说上几句话的人都没有，当然也包括我在内。

　　那时候学校要每个班筛选五个形象好的学生组成国旗仪仗队，其中一个人走在最前方，另外四个人一人拿着旗子的一角跟在后面，这是个庄严的仪式，所以学校很重视。我们班的王美美自然就成了领队者，而我小时候长得也还算标志，也被选上了，成为牵国旗的小朋友。我们被叫在了一起训练，但是王美美还是不太爱说话，因此我们与王美美并没有成为非常要好的朋友，她依旧是个"冷美人"。

　　终于到了某个星期一，该我们班的仪仗队列队升旗了。为了让仪仗队整齐划一，班主任还特意为我们准备了统一色系的衣裳，王美美穿的是短裙，但尺寸大了，班主任临时就系了根带子，因为没有扣，所以很容易松下来。一开始我是不知道的，我们列好队非常认真地齐步走着，尤其是我的摆臂，相当有派头，我都为自己感到自豪。再看看操场上的同学，那目光一个个地都盯着自己看，我浑身都冒出那么一股子神气劲儿，于是我的臂摆得更有劲了。

028

　　我是紧跟在王美美后头的，不知道什么时候，我的臂摆到了王美美的那根带子上，那带子本来系的就是活头，我的臂往后一摆，整根带子都松掉了。这下糟糕了，王美美的短裙立马就掉下来了，就只剩下粉色的小内内。这一刻所有的同学都看到了，一阵闹腾。王美美也顾不上齐步走了，立马蹲下来提上裙子，她也顾不了庄严不庄严，头也不回地就往女厕所跑。我们四人在没有领队的情况下，硬着头皮走到了旗杆前，将国旗升上去了。我当时已经意识到了自己的错误，我也很尴尬，尤其是在王美美临跑前瞄我的那一瞬的眼神，我想死的心都有了。我想以后和她做朋友估计是没戏了，她以后不把我当作仇人就已经是万幸了。

　　果不其然，我和王美美再也没有说过一句话，直到若干年的一次同学聚会，王美美亲口对我说道："你知道吗，小学里你是我印象最深的人，因为你让我出了一次最大的糗，很多时候我都会做梦梦到你，当然不是仇人，而是最难忘的同学。"听到她的这一番话后，我才彻底地放下这一段往事，不然我总是活在内疚里，因为我让全班最美丽的人出了一次最大的糗。

　　我说过我天生跟班花犯冲，这不是有意的，这纯属是老天爷在惩罚我。高中的班花就坐在我的前面，我们之间的关系也不赖，平时啥都能聊，几乎都快要成为"哥们儿"了。我们高中都是住宿的，每个礼拜五的下午上完两节课后，大家就各回各家了。家离学校近的同学都用自行车作为代步工具，远一点当然是要坐车了。不巧的是，我和班花的家离学校都不算远，而且还有一段路是同行的，于是我们就相约一起骑车回家，声明一下这其中没半点恋爱关系，就只是单纯的结伴同行。

　　那天下午，天刮大风，一看就明白这天某个时候将要下一场大雨。我和班花快速地骑行着，这条路要路过一段长距离的铁棚，这个铁棚上面腐蚀了，很多大洞。眼看着雨噼里啪啦地落下来了，再加上大风，路上的坑洼之处都积满了水，更糟糕的是那段铁棚之上有很多凹处也都装满了水，骑行的时候头还容易碰到铁棚，一不小心就会弄得全身是水。那时我自告奋勇地对班花说："你跟在我后面，我用一根棍子边骑行边鼓捣这个，把水排下来你就可以大胆骑车了。"

　　班花还是体贴的，她很不安地问我："这么骑车子是很危险的，你确定你能行？"

　　我毫不在意地说道："这段路我都骑了好几百遍了，我的骑车技术还是超一流的，绝对没问题。"说完我就一边骑行一边去敲铁棚上的凹处，那动作既熟练又潇洒，很多处的积水都不甘地落了下来，班花一个劲儿地冲我乐，我那会儿就觉得自己是个英雄。

　　就在我得意得快要忘形的时候，我手上的棍子杵到一处洞洞里卡住了，再加上我骑车的速度很快，一下子我连人带车都摔趴下了。这倒是不打紧，我摔到了旁边的草坪之上，可是后面的班花就没那么幸运了，她直接就撞到了我的车上，猛地摔倒了，而她正好摔在了一处水沟之中，下一秒头上还泼上了一堆泥水，那模样简直是惨透了。

　　从此，这位快要与我成为哥们儿的高中班花就与我有意无意地保持距离，我们也没能成为真正的哥们儿。后来她考到了家乡省份的某著名大学，而我就去了PM2.5超标的石家庄，从此，我们再无联系。

　　上了大学之后，只要同学一提及班花某某，我就尽可能地远离，因为我不希望再发生一次与班花之间的尴尬事，这显然有损我坦荡而又潇洒的光辉形象。

# 言行惊人的大学美眉

大学生都是以宿舍为活动单位的，而且基本上吃饭洗澡什么的都是和宿舍里玩得好的哥们儿一起。一次我和超去食堂吃饭，超的女朋友也来了，他们也习惯了我这枚电灯泡了。超在女朋友面前一向都很大方，这次又是他请客，我照例蹭饭吃。

超点了红烧鸡块，我和他女朋友也吃了起来。超吃了一口就吐了出来，说道："这尼玛真难吃，这不是虐待学生吗？"其实我也觉得难吃，但是超请吃饭我总不好意思表露出来吧。

这时候超的女朋友认真地对我说："下次咱们出去租房子，你也来哦，我最会做鸡了。"我差点没把嘴里的鸡块喷出去，超听完脸色都发黑了，超的女朋友很不开心，理直气壮地说："你们不相信吗，我很小的时候就会做鸡了！"

我实在忍不住了就把鸡块喷了出来，超一脸的愠色，严厉地对女朋友说道："别说了，吃饭！"超的女朋友很奇怪地看着超和我，只得低下头来吃饭，很长时间后，她突然大声地说道："哦！你们想到哪里去了，真龌龊！"我连忙回道："咱吃饭，吃饭！"

有一回我去听一堂不知名教授的演讲，后面坐了一对姐妹淘。这教授的演讲实在是枯燥乏味，我昨晚熬夜玩网游，这会儿开始犯困，于是就偷偷地打起了盹儿。就在我快要睡着的时候，无意中听到了后面那对姐妹淘之间的对话，差点儿没给我惊着。

A女说："现在的男人啊，没有一个懂得浪漫，尤其是理科男，除了会扶一下眼镜装有学问以外啥也不会。"

B女应声道："就是，我上一任男朋友就是典型理科男，跟我在一起半年了，连一句'我爱你'都没有说过。"

A女显然不同意，她换一种语气说道："你这一说法我不同意，其实吧，爱还真不是嘴上说说的，爱是要做出来的。"

B女回："可他一次也没做过给我看，我感受不到啊。"

A女继续说："下次你找男朋友，最好就是找那些实实在在做的！"

我在前排听完他们的对话，用手紧紧地捂住嘴，生怕自己笑出声来，这两位女学生对爱的研究还真是足够透彻啊。

一次，我所在的宠物社要举办一次宠物科普活动，要求各社员带上自己的宠物。我当时就带了一只猫头鹰，这个是我花了大价钱在宠物市场上买来的。只见一个社友美眉很好奇地盯着我的猫头鹰看，然后说："亲，我从来没摸过猫头鹰，你能把鹰毛借我摸一摸吗？"

我听完以后那个汗啊，要知道我是南方人，前后鼻音不分的啊！于是我回道："你确定要摸鹰毛？"

"是的是的。"她边说边指着我的竹笼子说道，"我就摸摸，你放心好了！"

"那好吧，我就把鹰毛给你摸个够。"我说话时特地将"鹰毛"二字加了重音，这时那位美眉终于明白过来了，脸顿时就红了，没有接过笼子就跑走了。我在一边想着，难道我的思维一直很邪恶？

说完其他美眉后，我再把话头转回超哥的女朋友身上。超哥团购了去水上公园的门票，买两张送一张，这一张自然又是便宜我了，反正我做惯了电灯泡，他们也不在乎了。我和超哥一直在后面谈天说地，他女朋友在前面一直拿着自己的手机拍个不停，显然这里的风景很不错。就在这时，超的女朋友看到一处非常新奇的风景，异常激动地说："超，快看，那地儿好美啊！"说完就将自己的手伸到后面来，她一把拉住了我的手向前奔去，我当时那个尴尬啊，这妮子劲儿太大了，我都挣脱不开。

超的女朋友突然回头看到我，手哆嗦了一下就放开了，抱歉地冲我笑了笑，我此刻看着超的脸，这一刻他的脸绝对比水边的柳条还绿。

大学里的美眉很多都是语出惊人、行为犯二，这一点与青春期的犯二心理有莫大的关系，当然作为爷们儿，我们也是一样的，只是我们比较懂得掩盖过去，而美眉们却太天真太无邪了！

# 原来她是一个纯爷们儿

现在的时代是包容的，现在的大学更是包容的。男学生不一定要特别爷们儿，也可以稍微犯娘一点；女学生更不需要个个是淑女，她们还可以是纯爷们儿。我们这些来自南方小镇的男孩们，在面对东北大姐们儿的时候，还真是要佩服她们一声：亲，你真是纯爷们儿！

我刚上大学那会儿，一直以为自己很爷们儿，疯狂地去参加学院组织的各种活动，其中包括搬家体验、野外生存体验等等，这些基本都是彰显男子气概的活动，因为它们可以充分地体现出男子体力的优越性。但是，每一次的活动都让我感觉到，原来纯爷们儿是她。

她叫姚婷，光听名字还以为她是一个很温婉的女子，可如果你这么想，那你就错得太彻底了。她是黑龙江人，一说话就自然地带着东北人的那份豪气，地下二人转演员嘴里的那些鬼言神语她也是信口而来，所有接触过她的人都不免要感叹：你才是纯爷们儿。有人说，比东北爷们儿更爷们儿的，就是东北娘们儿了，更别说是我们这般南方虾米了。

一次，舍友小勇子要追班上美女乔乔，愣是不知道从何追起，于是我们这帮好兄弟们就轮番给他支招。

超说："给自己整套帅气的衣裳，别整天装扮得像犀利哥似的，你可没人家犀利，钱不够，管超哥要。"

小剑崽补充说道："还有，你个儿有点矮，会让女孩子没有安全感，我勉强把自己的增高鞋垫借你吧！"

我忍不住也插嘴道："你稍微懂点浪漫呗，女孩子谁能抵抗得了玫瑰花的诱感，谁能经受得住甜言蜜语的攻击，多买点儿清香的红玫瑰，多背点儿徐志摩的诗歌，就什么都搞定了。"

小勇子像是听到了三位诸葛的不传箴言一般，连连点头，生怕自己忘记了。我们四位商议这件大事的时候正好在教室座位的最后排，说来也怪，所有女生都习惯坐在前排听课，而姚婷却独独杵在最后排，我们的"四方会谈"她全听见了。只见她完全不顾正在点鼠标读课件的某某老师，就一屁股坐在我们的旁边，兴奋地说道："你们干啥呢？不就泡妹子吗，我教你。"

我们四人都非常吃惊地望着她，毕竟大家刚认识，她这样着实让我们招架不住。小勇子开口说道："你？算了吧，你能给我支什么好招，你懂爷们儿的心思？"

姚婷用食指揩了揩鼻子说："切，姐当年泡男人的时候，那帮男人个个矫情得跟个姑娘似的，姐不照样都拿下了。后来上大学了，还有男生要跟我填一样的志愿，我当时就怒了，一脚踢爆他。其实，女生也是这样的，你得来硬的，软的现在不流行了，什么衣裳啊，身高啊，玫瑰啊，诗啊，都 Out 了，要学就学霸王，硬上弓才是王道。"

我们四个人都听呆了，我心里直犯嘀咕："这女孩还是女孩吗，这说话怎么那么劲爆啊。"

她又操着满口东北味的普通话说道："不信你可以试一试，哪天小勇子找到乔乔，就直接跟她说喜欢她，要和她在一起，顺便再强吻她一口，当时她可能很生气，还会踹你，但你不要放弃，短信加 QQ 轮番轰炸，不出一个礼拜，乔乔就会被你拿下。大学女生没有一个不寂寞的，再说好女也经不住赖汉子磨啊！"

这么新鲜的追女哲学让我们这帮学院纯情男一下子就听蒙了，特别是小勇子，那眼珠子快要瞪瞎了，显然他是惊到了。姚婷深深地叹了一口气，说："嗨，我说你们这帮男人娘们儿兮兮的，好不好用试一试不就知道了，真是的，不跟你们磨叽了，浪费姐时间。"

小勇子狠下心说："大不了被拒绝，试试就试试！"我、小剑崽和超在一旁愣了好久，还在为姚婷无比纯爷们儿的话愣神呢。后来，小勇子如愿以偿地追到了乔乔，而他使用的招数就是姚婷的"流氓大招"。从此，小勇子就管姚婷叫"姐爷"，这个称呼也能充分地表露出他对姚婷的感恩和敬仰之情。

现在话题转到重点上来，每一次有关运动的学院活动，最牛叉的人不是某个满身肌肉的爷们儿，而是说话爷们儿办事更爷们儿的姚婷。比如说学院的一次搬家体验，参赛者需要将物品装进麻袋里然后放到一个指定的位置，大部分人都选择将麻袋装上一半，然后拖到终点，可姚婷愣是装了大半袋，最后是连背带扛地弄到了终点，当时在场的人没有一个不吃惊的。这也就罢了，我当时在搬货的时候可能是岔气了，搬到一半搬不动了，我作为一名男子汉总不能放弃吧，就在我咬牙坚持之际，姚婷像一阵风似的跑到我这边来，又像一阵风似的把我剩下的东西搬到了终点，这突如其来的"国际援助"让我顿时红了脸，本来这份帮助的到来应该让我很开心，但是这一刻我却怎么也笑不出来。

　　不过后来一想，她本来就是一个纯爷们儿，在纯爷们儿面前丢这点面子倒也不算什么。也因为她的纯爷们儿性格，后来我们都成了"哥们儿"。每次聚会喝酒的时候，众"哥们儿"中酒量最好的还是她，她能把所有人撂倒，自己还像没事人一样，她也总是把"没事，有'姐爷'罩着，你们谁都不用怕"放在嘴边。大学时期，身边如果有一个姚婷似的纯爷们儿，虽然平时可能会让自己出点糗，但也会有很多的快乐！

# 千万不要成为光头

舍友峰哥因为家族基因问题，年纪轻轻就谢了顶。他刚来寝室的时候，我们还以为是导员来了，个个都去跟他打招呼，后来才知道他就是一破学生。他跟我们一般大，可是这人一谢顶就显老，再加上他穿衣专门挑黑色系的，所以我们的误会也是值得原谅的。

我们宿舍本来就是团结的，我们要让每一个兄弟都变成青春帅男，所以我们一致决定要对峰哥进行相貌大改造。一看峰哥这发量，兄弟们就为难了，烫也不是，染也不行，怎么整都没那个青春范儿，"巧妇难为无米之炊"啊。最后兄弟们一致决定，让峰哥去理一个"孟非"头，没准儿一下子就被漂亮美眉"非诚勿扰"了。

峰哥当然是不情愿的，但是在我们的要挟下，他不得不迈着沉重的脚步走向理发店。大学附近的理发店生意都非常好，来晚的往往要排上个把小时，可峰哥却走运了。理发师一开始问道："帅哥，你准备怎么理啊？"

我们齐声代他说道："理锃亮锃亮的光头。"

理发师笑道："这个简单，你不用排队了，五分钟搞定，过来吧。"

我们笑着对峰哥说："你看，理光头是正确的吧，你的好运从这一刻就开始了。"

很快，一个光洁亮丽的秃瓢展现在我们的眼前，我、小勇子、超都忍不住地要摸他的头，这手感真不是一般好。

峰哥这下急了，气道："都给我走开，这发型很金贵，你们谁再摸我跟谁急！"不过，理了光头的峰哥看起来年轻很多，大家原来都叫他"老人峰"，现在换成了"光头峰"，可见现在他在同学们心中的"老人"形象已经被忘记了，但是这个"光头"的称呼却又让峰哥囧了好一阵子。

一次，上"动物奇观"这门学校公选课，我和峰哥都去了，讲课老师为了拉近师生之间的距离，一开始就给我们讲了一个笑话，她说道：

一个臃肿的妇人养了一只八哥，这只八哥有灵性，说话还很利索。这只八哥喜欢随时待在妇人的身边，妇人洗澡的时候也不例外。但是这妇人很不希望自己的身材被暴露出来，于是就警告八哥说："不许看我洗澡！"

八哥顺嘴说道："就看，就看！"

妇人怒道："再说就把你身上的毛全都拔光，让你成为秃鸟，看你还敢不敢瞎看。"

第二天妇人带了位光头朋友回家，她原想留着处对象，结果八哥飞到这位光头男子的身上对他说："你是不是也看到了啊？"

说到这里，讲课老师狡黠地笑了一下，点出峰哥，笑着对他说道："同学，你是不是也看到了啊？"

这一刻所有的学生都笑了，峰哥气得脸红得发紫，从此他再也没有来上过这门课。公选课躲得了，这必修课是没办法逃的。峰哥算是乖乖学生，他很少逃课，只有一次，他实在不想去，于是就逃掉。老师当时并没有点名的意思，只是用眼睛扫了一下学生，然后问班长："咱们班的学生到齐了吧？"

班长揶揄道："齐了，老师。"班长之所以敢这么说，一是因为这位老师本来就不怎么爱点名，也不太能记得学生的样子；二是因为同学基本上都来了。但是这位老师此刻却皱了皱眉头，说道："不对，那个光头同学没看见，班长告诉我他的名字，我记一下。"我和其他舍友在下面汗了一回，都在想峰哥好不容易逃一回课，就这么轻松地被抓住了，真倒霉，也没法子，谁让他的样子那么有记忆点呢！

峰哥得到消息后，懊恼得不得了，他苦着脸说道："连他都知道我没去上课，看来以后的课我都不能逃了，命苦啊！"我们只能在一旁假装很同情地安慰他。峰哥不干了，他说道："你们这帮兄弟还是兄弟吗，说要给我打造一个青春帅男形象，这下好了，帅男形象没出来，衰男形象倒出来了。我不管，你们得对我负责，你们也得去理个光头来补偿我的精神损失。"

听完峰哥的抱怨，我们吓得撒腿就跑，可峰哥天生力气大，一手抓住我，另一只手抓住了小勇子，只有生性狡猾的超逃走了。我们很是不情愿地被押到了理发店，最后两个崭新的秃瓢诞生了。峰哥很得意地看着我和小勇子，说道："这下我的噩梦终于消减了一下，起码有你们两个替我分担。"

超哥这时候很同情地跑到我们身边来，对我们说道："不是我不仗义，我最近正在处对象呢，不能损坏了形象，望兄弟们原谅下。为了表达我的歉意，我请大家伙儿吃饭，咋样？"

小勇子很生气地说道："现在几点了？中饭时间早过了吧，这算吃啥？"

超哥看了看表，说："现在是一点五十八分，正好是下午茶时间，用英文说就是 Two to two。"

我们三人对"秃"这个字相当敏感，一听到超哥嘴里说到这个字，我们顿时就恼火了，追着超哥施展我们的拳脚功夫。超哥一边要挨打，一边还要请我们吃饭。我们一边生着气，一边还要提防自己敏感脆弱的神经再一次受到刺激。

我终于理解了峰哥的感受，即便是谢顶，都不要理光头啊，这是我血一般的教训。所以，记住，再不帅也不要成为光头；再不青春也不能成为光头！

# 大学情侣这样吃午餐

如今，大学生谈恋爱已经是很普遍的现象，话说现在想早点结婚，大学不谈恋爱是不可能了。但是，大学生谈恋爱最让人受不了的就是，这恋爱谈得太矫情了。校园里，情侣们几乎没啥可忧愁的，也不会去考虑太多现实问题，更多的时候都是聚焦在彼此的恋爱关系上，于是乎双方就容易整日黏在一起，唯谈情说爱是务。那种甜腻腻的劲头，旁观者还真是受不了。不信，我们完全可以先听一听食堂里某对情侣之间的午餐对话。

一上午的课程终于上完了，午饭我可得吃个够劲，于是我来到全学校最优雅最豪华的食堂。挑了一处雅座，拿起菜单，极其认真地看着，正准备用铅笔勾下自己想吃的菜品，只听见隔壁一对情侣在柔情对话。

女："不让你坐这儿你非坐这儿，你看电视屏幕被挡住了吧，我还要看喜羊羊呢。"

男："乖啊，这里人少，清静啊。那天我熬夜去网吧陪你看喜羊羊，你还不知足啊，乖，这一次依我啊！"

女："可是，这里人太少，服务员会不会先照顾人多的地方啊。"

男："不会的，这是小食堂，这里面的服务是全学校食堂最好的。"

女："哦，这样啊，其实我也知道，我就是想问问你。"

我在一旁看着菜单，骨头都酥掉了，再这样下去我恐怕得崩溃了。我叫了一下服务员，把我点好的菜单给了他，心想赶紧吃完饭离开这地儿。

男："咱们来一份回锅肉和水煮牛肉怎么样？"

女："不要，我都这么胖了，你想胖死我啊。"

男："那好吧，咱们来一份炒青菜，再来一份干锅娃娃菜。"

女："好啊你，都是素的，你当是喂兔子呢？"

男："那这样吧，你定呗。"

女："我都随便的，你定。"

我真心受不了了，还随便呢，这能叫随便吗？我想换个位置，可是没想到就在几分钟之前位置上全都有人了，看来这小食堂不是一般受欢迎，罢了，忍着吧，吃完就走人。

男："要不吃麻辣烫呗，有荤有素。"

女："天气太热了，不想吃，能不能有点创意啊？"

男："呃，要不吃扬州炒饭，再来一份玉米粥？"

女："什么意思啊，又是米饭又是粥的，你以为我的胃是铁打的啊。"

男："哦，我错了，我真不是故意的。"

女："什么不是故意的，我看你就是嫌我碍眼了，想另找一个。好吧，我走，不打扰你找其他的美眉。"

男："别介，我真知道错了，咱不吃这个了，好不？"

女："看你的表现吧，得拿出点诚意给我看看。"

男："这样吧，咱们去学校外面找个餐馆吃去？"

女："你很有钱吗？这个月生活费不是被我缴了吗？哦，你敢背着我藏私房钱！"

男："不是的，我前天去外面兼职了，赚了一点钱。"

女："这么辛苦，算了，省着点花，咱们就在这里吃得了。"

男："那吃点啥呢？我点了你又不同意。"

女："我说了随便的，你点的哪一次我没有吃啊。"

我的菜上齐了，可是我真心没有胃口吃了，这对小情侣生活在自己的世界里，居然一个那么矫情，而另一个居然还如此纵容她的矫情，真心折磨死外面世界的人啊，可我实在是饿啊，只好硬着头皮继续吃下去。

男："那我点了，你不许有异议啊。要份酱爆鸭片，再要份剁椒鱼头。"

女："还剁椒鱼头，你明知道我最近脸上长痘痘，不能吃太辣的东西，你还点有那么多辣椒的菜，你存心气我是吗？"

男："真不是，你平时不是很爱吃辣椒吗，无辣不欢的。"

女："那是平时，你没看见最近我皮肤很不好吗？一点都不关心我，连这个都没有看出来。"

男："好吧，我又错了，下次我一定注意。剁椒鱼头咱不要了，来份凉菜得了，皮蛋豆腐美容养颜的，这行吗？"

女："嗯，这还差不多。"

终于他们成功地点了两盘菜，我在旁边总算松了口气，心想这下可以安心吃我的饭了，可没想到，更矫情的戏码在后面呢。

男："你多吃点皮蛋吧，营养，美容。"

女："我刚才吃了一个了，你还夹给我吃，吃这么多蛋会变蠢的。"

男："谁说的，一点科学根据都没有。"

女："我说的，我就是科学根据，嘴巴张开，我要把这个蛋塞到你嘴里报仇雪恨。"

男："好的宝贝，啊……"

女："好吃吗？"

男："你喂的就是好吃。"

我的承受度已经到极限了，尽管我还没有吃饱，但我真心待不下去了，再这样下去我会把自己刚吃下去的东西全都吐出来。不就是对情侣吗，至于你侬我侬到这等地步吗？看来还是闲的，这大学里谈恋爱就是腻着求别人羡慕，这倒是没错，问题是容易雷到我这样的单身汉子啊。

也许这样的撒娇和矫情真是最纯真的恋爱，女方对男方的一些小发嗲小依赖就是表示她对他的在意，而他也选择了毫无保留地接受。可是，从第三方的角度来看，这实在让人抓狂啊，温馨提示那些正在校园里火热恋爱的情侣们，不要在旁人面前秀恩爱，更不要在食堂里演矫情，这会让旁边的人抓狂到死的！

## 让人无语的第一次约会

都说理科生是最不懂浪漫的，这并不正确，但是个别理科生的出现是彻底地摧毁了浪漫这个词语，因为他压根儿就不懂得怎样约会。我在这里说出这样的话当然不是毫无根据，当年我上大学那会儿，亲耳听一学姐跟我讲过她的恋爱故事。

我大学参加过一个社团叫知行文学社，这位学姐就是当时的社长，我们都喊她姗姗姐，她性格非常开朗，很愿意与我们打成一片，很快我们就成了无话不谈的好"哥们儿"。有一次我们聊到了约会的话题，我跟她说我宿舍一哥们儿实在是寂寞空虚冷了，于是就约一长相还行的美眉在校园的青草坡上漫谈，那美眉许是寂寞了也就去了。我这哥们儿是全宿舍最著名的铁公鸡，但这一次他拔毛了，他咬咬牙买了两公斤的红富士送给了这位美眉，当他问美眉是否愿意和他交往时，美眉非常确定地说不愿意，这哥们儿二话不说就把那两公斤的红富士要了回来。当我说完这个事之后，我发现姗姗姐并没有很讶异，只是淡淡地笑了笑，说："这不算什么，大学生嘛抠点很正常，但是我碰到过最奇葩的追求者，那次约会绝对堪称史上最令人无语的事件。"

我于是就很好奇地问了姗姗姐，她非常详尽地跟我说了那次她被约会的经历，可见那次的约会已经深深地刻在她的记忆里了，当然我听完后，也深深地刻在了我的记忆里，因为这次约会会让所有人都感觉到一种淡淡的忧伤。

姗姗姐是学电子信息的，她们班的女孩子本来就不多，姗姗姐算是为数不多的美女。她们班的男孩子有几个长得还挺精神，尤其是她们班的何亮，听她说何亮的长相还有几分貌似吴彦祖，她班里也有很多女孩子将他列为终极追求者。何亮这个人有点木，平时就好鼓捣点电子产品，基本上属于独行动物，他跟男孩子都走不近，更甭提女孩子了。但是，这并不代表他不需要恋爱，对无比清闲和寂寞的大学生来说，追求女孩子也是一种难忘而必需的经历，所以何亮也主动出击了，很显然姗姗姐就是他的首选目标。

何亮成绩出色，清楚自己的兴趣所在，能沉下心来学习，长相还好，姗姗姐说她一开始还真是有点喜欢他，于是她就接受了他的追求。话说第一次追求人，何亮也没什么经验，他也没什么要好的死党，自然也没地方去取经，所以他就咬咬牙开始了自己的"亮式"追求法。姗姗姐并没有答应要和何亮处对象，只是说先试试看，明眼人都知道这是要经过多次约会才能定下来的事情，何亮似乎也懂了。他叫来姗姗姐要和她约会，姗姗姐点了点头。姗姗姐当然要问他怎么个约法，他非常肯定地说要一起去看电影。

姗姗姐说她一听到看电影就立马蔫了，但是考虑到他作为一纯种理科生的浪漫匮乏性，她也就忍了。姗姗姐想何亮若是带她去看 3D 版的《泰坦尼克号》，她也就认了，毕竟这也是一般情侣约会的最佳选择。姗姗姐美美地想了一番，最后默默地点了点头，何亮很开心地走了，最后留下一句："星期五的这个时候你在这里等我！"

离星期五还有三天的时间，姗姗姐说这几天给她熬的啊，都熬成黄花菜了，她还是很憧憬和何亮之间的第一次约会，感觉自身仿佛身处漫天飘满玫瑰花的伊甸园。很快就到了星期五，姗姗姐早早地就来了，而何亮是掐着表直到最后一分钟才到的，他解释说："不好意思，最近在做一款机器人，所以有点晚了，不介意吧。"

姗姗姐心想反正你没有晚到，自己多等一会儿也不是什么大事，就摇摇头说："不介意，呵呵，我有那么小气吗？去哪个电影院看电影呢？是万达影院还是人民影院？"

何亮一脸诧异地说："什么影院？我没有说过要去影院啊。"

姗姗姐皱起了眉头，疑惑地问道："那咱们去哪里看电影呢，难道你会带我去看家庭影院？"

"不是啊，咱们去软件实验室呗，那地儿我熟悉，我特地开了两台液晶屏的电脑，咱们想看什么点播什么。"何亮很兴奋地回答。

"软件实验室？"听到姗姗姐将故事讲到这里，我不由自主地打断了她的话，问道，"那是什么影院，难道你们学院还有专门的影院教室？"

"什么影院教室啊，那就是学院的机房，也就是学生平时上网的地方。旁边不是液晶机子的是免费的，液晶机子的一小时一块钱，看来他认为自己花了钱请我去液晶机子上网看电影是最有创意的事情了，我当时那个无语和崩溃啊。"姗姗姐摇着头说道。

"什么情况，你的意思是说他要和你去上网看电影，还开着两台机子，这叫看电影吗？这种奇葩的人你都能遇见？"我的嘴巴已经张得合不拢了。

姗姗姐无奈地说道："可不是嘛，我当时就决定跟他黄了，他是一点情商都没有啊，这种约会的方式他都能想到，他是多求省事啊。但是我又不能立马驳他的面子啊，像他那样的人自尊心又很强，我只好很勉强地和他走进了所谓的'软件实验室'。"

"然后呢？"我不怀好意地问道。

"接下来的事情更让人抓狂了，他打开了两台机子，然后开启了网页，选择了一部叫《暗黑骑士》的电影，我勒个去，哪个女生会对这种科幻片感兴趣。结果他还非常霸道地给我也点开了这个电影，我当时快要疯了。"姗姗姐鼓着嘴说道，"我实在受不了了，半小时后，我跟他说我大姨妈来了，我要回宿舍了。结果你猜怎么着？"

我好奇地问："怎么了？"

"何亮在我旁边极其认真地盯着电脑屏幕看电影，嘴巴只是'哼'了一声，似乎我的离开与他无关。我当时头也不回非常利索就走了。"姗姗姐坚定地说道。

"艾玛，还真有这么奇葩的男生啊，看来他只适合与机器人谈恋爱，真够让人无语的。"我拍了拍姗姗姐的背，接着说，"把这当作你人生的一段趣闻也是不错的。"

后来，我跟很多人都讲了姗姗姐的这段经历，没有一个人不感到无语的。我只是想说，某些特殊种类的理科生，在约会女生之前要多看看爱情电影，学个一招半式的也是好的，不要再制造出令女孩子彻底无语的约会事件了。

# 舍友幽默事件大串联

　　我高中时候就开始不定期住校了，当时结识了第一批舍友，那帮舍友现在都成了我最好的哥们儿。七嘴八舌常会出笑话，一个宿舍里人多嘴多，自然欢乐的事情就非常多。

　　晚上睡觉之前，舍友 A 在咯嘣响地吃着蚕豆，一边嚼着一边哼哼。舍友 B 嚷道："小样儿，你猪啊，吃东西还哼唧。"

　　我也跟着说："蚕豆吃多了会放屁的，你就祸害人吧。"

　　我刚说完，一股带声响的恶臭飘过，宿舍里的人都怒了，舍友 B 更是骂道："你能不声不响地放毒气吗，至少能放过我们的耳朵，欠抽吧！"

　　只听舍友 A 很不在意地说："切，带味道的将军令你们没听过吗？我再给你们放一遍？"

　　我和舍友 B 立马跑到了他的床边，用被子捂住了他，我说："你自己慢慢地温习吧，就在被窝里放屁，能闻能捂，好东西你一个人享受去。"

　　只听见又一阵声响奏起，舍友 A 好容易从被窝里钻出来，哭丧着脸说："你们太残忍了，居然把我的被口封住了，艾玛，呛死我了。"

　　舍友 B 不屑地说："自作自受，你就是活该！"

　　从此以后，舍友 A 再也没在宿舍里吃过蚕豆，连巧克力豆都没有吃过。

　　舍友 A 永远是那么滑稽，有一次他特地去逛了趟商场，买了件自认为很潮的衣服穿在了身上，然后很臭美地在我们面前搔首弄姿，嗲嗲地说："你们看我美吗？"

　　舍友 C 顺势就说："哦，宝贝，你太美了，要是能把这张脸换掉那就更美了。"

我和舍友 B 差点没笑岔气了。

舍友 A 歪着嘴说："切，你们这是赤裸裸的嫉妒，看我就这样穿到班上去，保证会引起女生的一片惊呼。"

舍友 B 终于忍不住说道："对啊，她们一定会惊呼，这小矮人怎么穿了白雪公主的衣裳啊？"

舍友 A 几乎快要气晕过去。

高三时，每一次的模拟考试都非常重要，因此宿舍里也沸腾起来了。每个宿舍都有它的文化，而我们宿舍的文化就是祷告文化。

一向不正经的舍友 A 这一次正经了起来，他拽出自己脖子上套的玉观音说道："观音菩萨要显灵，保佑我这一次考好点儿。"

舍友 B 锁着眉头对舍友 A 说："这不行，你不够虔诚，赶紧把你脖子上的玉观音摘下来，摆在这桌子上，我去准备点饼干。"说完，舍友 B 就从床底下掏出几块饼干，看样子是发了霉的，他就把这些饼干认真地摆到桌子上，嘴里还在不停地嘀咕："保佑我吧，我把我花很长时间囤积的粮食都贡献出来了，一定要保佑我啊。"

舍友 C 大声地对他们说："你们怎么能这样，这叫亵渎神灵。看我的。"说完他就从兜里掏出两张钞票，一张十元的一张五角的，考虑再三还是将那张十元的揣进了兜里，将那张五角的放在了玉观音前面，嘴里喃喃道："捐给观音我的一半家产，希望观音看在我诚心的面子上，保佑我这次一定拿高分。"

我终于忍不住了，说："你们一个个不去复习，都在这儿求观音，最糟糕的是你们居然拿几块发霉的饼干和五毛钱在这儿糊弄菩萨，你们也不怕菩萨发怒让你们一个个都不及格。再说菩萨的帮忙就那么廉价吗，你们一个个都在这儿搞唯心。"

刚一说完，我就从自己兜里掏出了一尊石佛，笑道："还是拜拜佛祖吧，这个是前几天我在小商场请来的，花了我半月的生活费呢，这一次全靠佛祖显灵了。"

舍友 A、B、C 一阵狂晕，晕完继续涌到石佛面前作着虔诚的祷告。很快，模拟考试就考完了，当然我们的求佛管不管用就两说了。负责通知大家成绩的是宿舍成绩最好的舍友 C，他是班主任的心腹，他对我们几个说道："嗯，啊，其实吧，这一次考试说明不了什么问题。你们三个人其中有两个人考得不是很理想，没达到学校划定的二本分数线，但是不要灰心。尤其是 A 和 B，你们要继续振作。要知道上帝虽然为你关上了这一扇窗户，但是必然为你开启另一扇新的窗户。"舍友 C 一边说着一边打开宿舍的窗户，"A 和 B 你们可以安心地跳下去了。"

舍友 A 和舍友 B 这才明白怎么回事，恶狠狠地骑到了舍友 C 的身上，本来没考好他们心情就很不爽，这怨气还不得都发到舍友 C 的身上。而我在一旁非常虔诚地对着石佛说道："看来当初请你是对的，谢谢佛祖保佑啊！"

# 关于作弊的爆粮事

中国的作弊文化传承已久，这其中的是非不是我要说的重点。我想说的是，作弊的孩子是有苦衷的，特别是大学考试里需要作弊的娃们，真心伤不起啊。

大学里有一哥们儿是属于乖乖学生，平时学习也挺刻苦，考试也从来不作弊。只是有一次例外，那就是本专业的一门选修课，这门选修课是我们专业必选的，可他选的时候给漏掉了，他以为下学期选一门其他的课程能把学分补上，所以也就没在意。后来的结果是这门学科必须选，但是他得到消息的时候已经是考试前一天了，专业老师考虑到他的特殊情况也就勉强让他补选一次，而这样他就惨了，在他的字典里，如果没学的话，就一定会挂科。

在我们这帮非主流学生的引导下，他也决定开启作弊的大门，由于这门学科是选修，所以试题的范围很窄，我们把所有相关的资料都打印在了一张纸上，有了这张纸，不挂科妥妥的。这哥们儿拿到这张纸后，紧张坏了，我们都觉得收下这徒弟太丢人了，只是作个弊，居然还把自己吓出个好歹来。

考试开始了，我们这帮人早就把纸上的资料背得滚瓜烂熟，所以很快就做完交卷了。可是这哥们儿就惨了，他来不及背啊，就只能将这张纸藏在袖口里面，异常小心地偷看，看一点写一点，那眼神明眼人一看就知道他在作弊。我们当时都非常替他紧张，生怕他暴露自己。就在他再一次紧张地偷看袖口里的资料时，监考老师突然就从前面的座椅上站了起来，这一站差点把他吓死，他丢魂似的将资料揉成一团塞进了鞋里，那反应也不可谓不机智。可是那位监考老师似乎还在盯着他看，不一会儿，监考老师就慢慢地走到他的身边，就这么短短的几秒钟，这哥们儿额头上的汗跟下雨似的不停地往下淌，要知道室内的空调温度是二十度，这太不正常了。

我们交完卷后一直从教室的窗户口盯着他看，生怕他出问题，好巧不巧就看见了这一幕，我们一下子就蒙了，心想："完了，这一次他九死一生了，希望不要把我们供出来。"那位监考老师终于走到了他的身边，这会儿我们的心都提到嗓子眼了，而这哥们儿脸红得像个灯笼一样，只见监考老师淡淡地对他说道："同学，你的笔袋掉地下了。"说完监考老师就弯下腰来捡起笔袋放在了这哥们儿的桌子上。还好是有惊无险，我们终于松了口气。

这哥们儿怕也是吓坏了，生怕自己的资料被监考老师抓个正着，他始终认为放在鞋里不安全，于是就从自己的鞋里慢慢地掏出那张纸。就在我们疑惑他到底要干什么的时候，他瞬间就把那张纸塞到了嘴里，而且下一步他还用力地嚼了嚼，接着还有吞咽的动作。我们全都看得一清二楚，我们差点没把自己恶心死，紧紧塞到鞋子里面的纸张居然可以直接放到嘴里，还能嚼巴嚼巴给吞了，他绝对是人才。

后来，这哥们儿当然是挂科了，他压根儿就没抄多少，最后就乱写了一通交卷了，不过他在我们作弊界倒是闯出了名堂，没人不对他竖起大拇指。

当然，作为大学作弊界的重要人物，我也是出过糗的，俗话说常在河边走，没有不湿鞋的。

那次是考英语六级，我很不自量力地报考了下，很希望能像四级一样蒙蒙就考过去了，等我拿到试卷的那一刹那我就发觉自己的这一想法有多荒唐。我想除了会写 ABCD 四个字母以外，剩下的都不会了。我总得给试卷写完吧，我一想到刚刚查看座位号的时候，发现右手边的女孩子个人信息上显示的是"外国语学院某某某"，这下把我激动坏了。也许有人会说了，抄右边人的答案是很困难的，因为要歪着头才能看见，这样很容易就把自己暴露了。我笑了，这一点本领都没有，还能算作弊界的重要人物吗，英语答案嘛，基本都是 ABCD之类的字母，她在涂答题卡时，我偷瞄她铅笔涂放的位置，就能非常肯定地判断她选择的答案。英语试题百分之八十都是选择题，选择题答得八九不离十，这六级通过还不是轻而易举？

我偷瞄的本领是强悍的，尽管三位监考老师眼睛眨也不眨地看着下面，我始终很淡定地坐在自己的位置上，非常有规律地偷瞄右手边的她填涂答题卡，我都开始佩服自己是个天才。那位女生涂完了答题卡，我也就很轻松地将所有选择题都搞定了，只剩下一小部分的填空题和作文，我就发挥我高中水准的英文水平又把它们都填满了，心里窃喜："这六级过得太顺畅了。"

就在统一交卷的时候，我猛然发现右手边的答题卡上显示的是"B"，而我的却是"A"。于是我慌了，心里恼道："该死，这答题卡有两种，题目的序号排列是不一样的，我怎么把这个给忘记了。"可是现在修改已经来不及了，监考老师无情地把我的答题卡收上去了，而我也只能独自坐在位子上嗟叹了。

最后的结果可想而知，我的六级只考了一百多分，看来顺序不对，也是能对上几个正确答案的，我也只有苦笑了。一直到毕业，我的六级都没有过，因为最有希望过的那次机会被我愚蠢地错失了。不过话又说回来，我号称是作弊界的重要人物，但实际上并没有通过作弊而得益，可见作弊并不可取，平时认真学习，考前认真复习才是王道。

# 当老师欢乐多

这校园里最核心的人物是学生，控制核心人物的就是老师了。老师一向在学生心目中都是高高在上的，当然很多学生也就很爱拿老师开玩笑，这是他们枯燥学习中的一种调味方式，但是很多时候，老师是自动犯二的，而这些窘态往往会让学生们无比欢乐。

先来说说我高中的数学老师，他是省特级教师，资历也老了去了，还在很多数学杂志上发表过文章，在学校里的地位极高。这些都不是重点，重点是他每次出一道题，都希望我们能给出多种解题方案，这让我们无比抓狂。记得有一次，他又在黑板上面写了一道数列题目，他一边写一边说道："我现在写出来的解法是最普通的，只要是学过数学的人都能想到这么解，这一次我想要你们给我想出另一种解题方案，希望同学们不要让我失望。"

于是他就点了某某同学的名字，结果那位同学在黑板前呆呆地站了三分钟都没有动静，很明显他是不会的。老师有些气愤，说道："你站到旁边去，我找下一位同学，你看看别人怎么解。"说完他又叫了另外一位学生的名字，这位学生的数学成绩一直在班里是名列前茅的，但是他上来的情况却也和那位同学一样，最后也站在了旁边。老师越来越生气了，眼看着那边都站满了十个人了，他咬着牙叫了我的名字，我哪里会啊，就只好硬着头皮上来了，不过一会儿我自己就乖乖地站到那边去了。那时候正是夏天，学校给学生统一发了校服，为了方便男女生都能穿，特意选了黑白色调。我们一共十一人全都面朝着讲台站成了一排，垂着头，十分庄严肃穆。

数学老师笑中带气地说道："别傻站着了，都下去吧，一个个耷拉着脑袋，跟参加老师我的葬礼似的。"听完他的话所有的学生都笑了，凝重的气氛瞬间就消融了。

高中时的数学老师往往会出其不意地制造笑点，但是体育老师却经常无辜地被我们制造笑点，他算是更让我们开心的老师了。

那堂体育课是老师教我们打篮球，基础课程都在室内课堂上讲完了，这一次终于到课外来实践了。体育老师一上来就跟我们说他大学时期差点就进了省篮球队，就是因为他训练的时候把脚跟腱弄伤留下了后遗症，所以他最终没能进去。这个故事我们听了好几遍了，还是非常捧场地向他点了点头。

他又说："作为一个好的球员，最应该学会的就是进攻，而进攻中最大的软肋就是罚篮，很多 NBA 球星罚篮却异常糟糕，比如奥尼尔、华莱士等等。今天我们的篮球实践课程从罚篮开始。你们先看我的投篮姿势，从中看看自己能不能找到诀窍。"

他又跟我们说了一堆标准的罚篮动作，屁股要怎么撅，手腕要怎么使力，呼吸要怎么调整，接着终于到了关键的一步，他对准篮筐用力一投，结果篮球弹出筐外，这时候底下的同学有些忍不住笑了出来。体育老师绷着个脸，说："刚才那一球是我呼吸没调整好，我故意这么示范给你们看的，目的就是告诉你们罚篮的时候呼吸很重要……"

他又说了一大通，说完他又投了一球，篮球从筐里转了一圈最后还是出来了，更多的同学忍不住笑了，我用手使劲地捂住了嘴。体育老师这下更恼了，他提高了音量说道："不要笑，刚才我的手势不对，这也是示范，别以为老师投不进，我罚篮的命中率在巅峰的时候能够达到百分之八十。好了，这一次我正确地示范给你们看看。"

体育老师太执着了，这一次他的投篮显得格外认真，但是最后居然投了个三不沾，所有的同学都笑了，这其中当然包括我。他这一次什么也没有补充，接连投了五个球，结果还是一个都没进，他当时脸红得跟猴子屁股似的，然后有些气喘地说道："我这里演示投篮就是这么个意思，目的是让大家注意我的罚篮动作，你们自己好好练练吧。"

我当时就想，这体育老师恐怕很想找个地缝钻进去，他现在必然很不想看到我们。后来我才知道原来是昨天他打麻将和牌的时候过于兴奋，弄折了手指。

还有高中的地理老师，特别擅长冷幽默，那副墨黑的近视眼镜透着那么一股子学问。一次上地理课，他在跟我们讲解地球仪的观看和使用方法，一位调皮的学生就问他："老师，冰岛在哪块儿啊？"

地理老师找了半天也没找到，也难怪，冰岛这个国家太小了，一时半会儿还真难找到，他推了推眼镜框说："等明天我带来放大镜找给你看，今天这个国家自动缩小了。"听完他的话，我们都笑了。只见那位学生还不罢休，接着问道："那日本的国土面积直线长度是多少呢？"

"呃，这个问题很好回答，我用尺子一量就出来了。"他好像很配合地拿来了尺子，在地球仪上摆弄了一会儿，笑道，"以我的推测，蚂蚁爬上五秒钟就能逛遍整个日本了，所以说是小日本嘛！"这一次全班的同学都大笑了起来。

话说高中的老师看起来虽然严厉，但是他们身上的欢乐也着实不少，至少让曾经觉得高中生活枯燥的我多了一点乐子，让曾经难忘的回忆多了一些美好的记忆。

# 我的悲催烟民同桌

　　高中时候可能是因为压力大，所以周围的很多同学学会了抽烟，这烟一抽上了就很难戒掉。而当时我们高中的校规很是严格，谁被逮到在学校里抽烟，就立马叫家长，还要回家反省，因此这帮学生烟民很是悲催，要长期与老师们进行游击战。

　　我同桌就是一个新晋的烟民，他为了防止自己抽烟被班主任逮着，每次抽完烟都会吃一块口香糖，并且拼命地洗手，生怕自己的手上会残留烟垢。一次，他烟瘾犯了，要出去抽烟，自习课是没有老师的，出去也是可以的，但是班主任会不定期地来班里查人。所以他让我陪他出去，我的作用就是替他望风，我也就答应了。

　　我们的教室在一楼，不远处有一处小棚子，很隐蔽，同桌就跑到了那里点起了烟。我就在不远处站着望风，突然一位看起来比我们大不了多少的人也走进了棚子里。同桌警惕地看了看他，然后说道："哥们儿，你烟瘾也犯了吧，抽我的。"那哥们儿很诧异地看了看，很快露出了微笑，接过同桌手上的烟，同桌还给他点着了，接着就有一片云雾冒了出来。我越看越不对劲，总觉得那人很眼熟，一时间没有想起来。

　　同桌抽完烟准备离开了，他看着那人手上的烟还有半截，就认真地对他说："抽快点吧，被老师逮着就惨了，给你块口香糖，抽完烟后嚼了它，这个能暂时盖住你身上的烟味。"那人一阵大乐，终于开口说道："你还真是贴心啊，谢了啊。"

　　我急忙对同桌说道："你怎么磨叽这么半天，这个点儿是班主任最容易出现的时候，赶紧回教室。"

"不对，我想起来了，刚才那个人是高一三班的班主任，学校刚刚聘请的，我有一次去校长室的时候见过他。"我猛地叫住了同桌，同桌听完了我的话吓得不轻，说："你确定？这下糟了，看来我又得请家长了，这一次我老爸还不得扒了我的皮啊。"

我们非常沮丧地回到了教室，班主任也很快就来到了教室晃悠，同桌差点急死，他以为那人把他的事全都告诉了班主任，所以他摆出了一副坐等宣判的架势，那样子更是纠结得要命。班主任在我们身边突然就停住了，我假装在看试题，他就盯着我的试题看。同桌更纠结了，他猜不透班主任要干吗，怎么不揪出他，他想这是班主任在给机会让他自首啊。同桌终于忍不住了，站起来轻声地对班主任说："对不起，我知道错了。"

班主任是什么人物，绝对算是厚黑学的集大成者，他一看到同桌这样的神情，就知道这其中必然有猫腻，于是扯扯嗓子说道："你的事情相当严重，不过你主动认错还是好的，希望你能好好反省，知道自己错在哪儿了吗？"

同桌怯怯地说："知道了，我不应该在自习的时间偷着跑出去抽烟，不过这不关××的事情，我只是让他出去清净一下，这一切都与他没有关系。"

我当时那个囧啊，这家伙就直接把我供了出来，可是没办法，事情本来就透明了，说与不说也没多大关系了。班主任露出了他招牌式的坏笑，把我也叫了起来，说："××，没想到你也干坏事，如果我猜得没错的话这叫望风吧。好吧，你俩都给我写份检查，记住要足够诚恳，在下周班会的时候你们都要大声地当着全班同学的面朗读出来。听见没？"

"听见了！"我们都非常小声地回答道，生怕被周围的学生听了去。后来我们才知道，那位高一的班主任压根儿就没把我们的事情透露给班主任，完全是同桌自己把自己兜出去的，结果还连累上了我。这次事件以后，我再也不做同桌的望风者了，他只能继续他更悲摧的烟民生活了。

若干年后，他也当上了班主任，选择的也是我们曾经就读的高中。他又跟我说起了他身上最新发生的抽烟悲摧事件。他说一次他在校园走廊里大口大口地抽烟，一位学生就突然跑了过来，一把抓住了他的烟，然后问他是哪个班的，说要找教导主任来把他揪出来展现给全校师生看。他当时就生气了，高中时候抽烟就被人逮，现在工作了还被人逮，于是他很恼火就说自己是老师，问他哪来的胆子敢抓老师。这位学生很郁闷地说是某某老师喊他过来抓的，说自己如果能抓他个现形，自己抽烟的事情就可以不了了之了，而某某老师就是我们曾经的班主任。

我听到这里当时就笑喷了，说："没想到咱们当初那么严厉的班主任还有这么幽默的一面。"

"可不是吗，你知道他怎么说的吗？"

"怎么说的？"

"嗨，我曾经诈你一次，结果你就招了，不过我始终认为欠你一次现场捕获，后来一直就没逮到。现在我如愿以偿了，我不欠你了。"同桌模仿着班主任的声音说道。

"好嘛，看来你与他的缘分不浅呢！"我开玩笑地说着。的确，作为从高中就开始抽烟的资深烟民，同桌的抽烟经历实在太过悲摧，而给他带来最大悲摧感觉的人就是我们共同的班主任。

 糗事一箩筐

## 第三章

# 劲爆青春录

# 高考时的糗人窘态

　　高考一直是中国人最关注的事情之一，也因为如此，有过高考经验的人都会很清晰地记得自己在高考时所做的事情。尤其是在高考时自己所做的糗事，很能让我们在很多年后的回忆中开怀一笑。

　　我高中一死党大气当年参加高考时，准备得非常充足，他当年全县统一模拟考时还是前十名的超级尖子生，因此他也倒有几分胸有成竹的气场。结果考试的头一天晚上，一个陌生的电话打到了他的家中，电话那头是一位中年男子。他说："我查到了你高考时坐在我女儿的前面，我希望你考试的时候给我的女儿抄一抄，只要我女儿考上了大学，我就让她嫁给你。"大气听完电话惊呆了，且不说他有没有胆子给那位陌生的女孩提供抄袭方便，光是这个条件就让他崩溃了，万一那女孩长得不好看，这一奉献不给自己带来了祸害吗？那晚他翻来覆去地想了好久，最终决定明天见完女孩再说。

　　高考结束后，大气一直在跟我们念叨，说那女孩长得很漂亮，可惜自己找不着机会给她抄一抄，丢失了一位美丽动人的新娘子，我们当时都很嗤之以鼻。直到若干年后，我们才知道他们居然上了同一所大学，只是大气上的是本科，而那位女孩上的是专科，两人后来居然还勾搭上了，现而今都张罗着要结婚了。

　　我高考时也囧了一回。我高中一直住校，老爸老妈都一直在外省工作，自己一个人清苦惯了，倒也不觉得这有什么。可是，临高考时，老爸老妈全都回来了，好家伙把我当太上皇一样伺候，什么西洋参啊、钙片啊，能补的全都逼着我吃，补得我两眼发晕。这两口子平时不知道关心自己的儿子，这回来个突然袭击，我的身体也受不了了。终于，在高考的第一堂语文考试时，我的鼻子不听话了，那鼻血哗哗地流啊，这高考也不让带多余的东西，连纸巾都不能带，所以我只好将先前发的硬硬的草稿纸塞到了鼻子里，好家伙戳得我太难受了。我就忍着撑了两个半小时，鼻子差点就撑爆了。高考结束后的那半个月里，我的鼻子都是红的，为此我还抱怨了老爸老妈好久，他们也不占理，就只是一个劲地赔笑。这件事充分地说明了一个真理：高考前切忌大补，不然就会有流血事件发生。

我到大学时，听见一同学讲他的高考经历，那才叫一个曲折离奇逗死人不偿命呢。他一共经历过三次高考，也就是说他复读了两年。他算是高考界的大哥大了。他在应届高考时，因为家庭条件不好，平时营养就跟不上去，再加上临近高考心理压力过大，他就体力不支休克了。他父母就急了，后来给送到了医院，医生说他身体没什么大问题，就是不能去人多的地方，因为他需要足够的氧气供给才行。这哥们儿当然不会放弃高考，所以他坚持拿着氧气罐去高考，这风景当时雷倒了所有与他同场的考生，也包括监考老师。他心理强大，并不在意这些，边做着试题边吸氧气，那模样跟垂死挣扎没什么两样。最倒霉的事情是，其中的一位监考老师在巡考的时候不小心踩到了他的氧气管子，害他好一会儿都没有呼吸到新鲜的氧气，最后他又脆弱地晕了过去。结果可想而知，接下来的考试他全错过了，他就这样光荣地成了一名复读生。

第二年高考时，他吸取了第一年高考的教训，拼命地给自己补充营养。高考前一晚，他还让老妈给他炖了只乌鸡，这家伙也怪能吃的，一根骨头都没有剩下。第二天高考时，他一脸的红光，看样子很有精神和信心，可是十几分钟后，他的肚子就开始抗议了，这下糟糕了。他得出去上厕所啊，监考老师就只得跟着他，这一来一去耽搁了很多的时间。问题是这并不是只有一次，他前前后后一共去了四次，连监考老师都烦了。最后，他的语文试卷只做了一半，最重要的作文半字没写，最终他也只能哼着刘欢的《从头再来》来准备第三年的高考了。

最后一次高考，他又困了，这一次并没有那么糟糕。许是前几次都栽在语文试卷上，所以他有着莫名的恐惧感，这一恐惧就让他脑子立马空白了，发下试卷他完全不知道从何下手，最简单的题目都不会做了。最后他偷瞄了一下前面同学的答案，才慢慢地将自己所学的知识从脑子里拾了回来，也算是有惊无险。后来的考试就很顺利，那一年他成功地考上了大学，成了我们班年纪最大的同学。

其实，高考不过是青春时的一段经历而已，人们关注它并且愿意讨论它，并不是因为它非常有趣，而是因为它的重要性和残酷性，正是因为如此，所以很多人在高考时露尽了窘态。如今很多人在回忆自己高考时的囧事时，不免慨叹，这种看似有趣的回忆还是只有那么一小段的好，不然自己会被折磨死的。

# 大学男生非一般的求爱经历

很多人还认为，男生求爱的最好办法就是：抱着一把吉他在女生宿舍楼下像个文艺青年一样弹唱着校园民谣，诸如什么《同桌的你》《白衣飘飘的年代》《董小姐》啥的，这样就会有好几百个女生趴在窗户上偷听自己的弹唱，总会有几个美女被自己的魅力所吸引，最后那份善良的心被自己牵走，慢慢地就成了自己的女朋友……

一切的幻想到此就可以打住了，现实中谁要是选择用这种方式求爱，对不起，迎面而来的将是无数盆发了酸的洗脚水。现在是二十一世纪了，二十一世纪的女大学生崇拜的不再是诗歌和音乐，她们更喜欢 Hellokitty 和红酒西餐，不信的话且看我大学一哥们儿的求爱经历。

他叫王鑫，是浙江人，所以骨子里有很浓的浪漫情怀。一日，他拉着众兄弟说道："嘿，兄弟们，我最近喜欢上了咱们的院花蒋青青，我想追她，所以我要求爱。你们得帮我。"

对于这样新鲜的事情，我们非常乐意掺和，于是就答应了。他出了一个我们认为很妙的点子，那就是拉着我们所有的男生，在蒋青青宿舍楼底下齐唱《死了都要爱》，我们一致认为这能量绝对可以融化一切冰冷女孩的心。于是我们一行人统一了服装，信誓旦旦地来到了目的地，扯着嗓子唱道："死了都要爱，不淋漓尽致不痛快……"这力量果然强大，很多女生都从宿舍里跑了出来，有鼓掌的，也有傻乐的，更多的女孩子表现出来的都是羡慕之情。王鑫一看这火候到了，该他上了，于是他拔高了自己声音的分贝嚷道："蒋青青，我们谈恋爱吧。"我们的眼睛都望向了蒋青青的宿舍，本以为她很快就会冲出来，然后抹着泪疯狂地点着头，可事实是，她带着自己的无名舍友一人拿着盆仙人球，直接砸向了我们，我们闪得够快，并没有负伤。痴情的王鑫就倒了大霉了，满脸的刺，幸亏是二楼，仙人球很小，不然他就要嗝屁了。

看到了吧，这一招音乐刺激法不管用了，蒋青青就不吃这套，所以王鑫的第一次求爱悲摧地失败了。我们都以为王鑫会就此放弃，可没想到他居然如此执着，也可能他真的是喜欢上了蒋青青，他又叫上了我们帮他的忙，这一次我们迟疑了，但是他居然用请吃烧烤这么有诱惑力的条件来贿赂我们，我们又一次答应了。这回改用大条幅了，王鑫在条幅上写的内容太暴力了，我们生怕他的生活会受到威胁。

条幅上的内容是："蒋青青，我就是一辈子为你烧饭做菜的男人，你也是我老爸老妈唯一认可的儿媳妇。"这条幅长得啊，我们一行十个人撑起来都费劲。我们好不容易走到了蒋青青的宿舍楼下，刚要准备将条幅上的内容喊出来，结果十几盆比上次更大的仙人球朝我们砸了下来，这一次受伤的不只是王鑫了，我们当中的很多人都受到了"刺击"。为了抚平内心中的伤口，那次吃烧烤，我们疯狂地点东西吃，吃掉了王鑫整整一个月的生活费，但他也只能一个劲儿地赔笑。

我们都认为王鑫已经放弃追求蒋青青了，可他居然又一次找到了我们，这一次可把我们吓坏了。好在这一次他的要求并不过分，他准备了很多美丽的信纸，让我们在上面写下夸赞蒋青青的话，我们敷衍地写着温柔可爱、美丽动人等成语，他都给否定了。他强迫要我们认真写，就照着心目中最美丽的姑娘写，字数还不能少于一百字，我们算是被他折磨透了。王鑫说要搜集九十九封夸赞蒋青青的信，然后在每封信上配上一朵纸折的玫瑰花，自己写的那封信要配上一大捧新鲜的红玫瑰。听完他的描述，我们马上服了，这家伙的浪漫细胞还真是我们这帮人没法比的。

蒋青青在收到礼物后，终于不再强硬了，当然她也并没有明确表示接受了王鑫的追求。王鑫算是看到希望了，他追蒋青青的力气是用不完的，他每天都要经过蒋青青上课的地方，然后送给她一杯冲好的优乐美，上面都会附上一张纸条："你就是我的优乐美。"就这样维持了一个月，终于，他也收到了一杯优乐美，上面也附了一张纸条："优乐美在这里，你看着办吧。"就这样，王鑫终于追上了蒋青青，我们也终于见识到了什么叫情场高手。

作为大学男生，他的求爱经历是非一般人可以模仿的，尽管他追到了学院的院花蒋青青，但是要让我选择，我宁愿不要，因为这受的折磨足够让一个精神充沛的青年心力交瘁。很多年后，我们毕业了，我收到了他们的结婚喜帖，我想这就是王鑫当初非一般的求爱经历所结出来的硕果吧。

# 课堂上的回嘴大王

在我上高中的时候，我们的英语老师是一个五十岁左右的中年妇女，她嫌弃我们这些男生上课不认真听讲，于是就大骂我们："你们上课想什么呢？"不知道什么原因，我当时也蒙了，于是就随口说了一句："想你呢！"

当时教室里面鸦雀无声，只见一双双惊恐的眼睛望着我。英语老师也愣在了那里，过了一会儿就指着我的鼻子大骂："你就是一个臭流氓。"我心想，我简直是太冤枉了。

还有一次我们上劳动课，给我们上课的是一个老头，他自我介绍说："我叫吴树山。"这个时候，我的脑袋里面突然有了灵感，于是马上就说道："西北望长安，可怜无数山。"全班听完之后爆笑，老师更是面色铁青，之后让我当着全班同学的面扫教室，真是倒霉啊！

其实大家知道，高中是必须穿校服的，但是像我们这些调皮的孩子经常不穿校服。而管这方面的老师就整天守在学校门口检查。有一天，老师看见我没有穿校服，于是厉声问道："你为什么不穿校服？"我一听就生气了，大声吼道："我家里又没有人去世，为什么要穿孝服！"结果把老师气得让我写了深刻的检查。

再来说说我们的美术老师，他在我们学校可算是小有名气，曾经还被报纸报道过，而且还刊登了他的照片。于是他给我们上课的时候就自吹起来："最近啊，总是有同学和我说，老师您真厉害，上了报纸，而且还有您的照片……"结果我也不知道是怎么回事，于是就随口问了一下同桌："是寻人启事吗？"从这之后，美术老师再也不愿意给我们上课了。

到了高中，我们都要面临会考，记得快到考试的时候，有一天上地理课，老师在上面说了一个地名，让我们回答出此地都盛产哪些矿产。当时老师问了好多同学，大家答得都很好，于是把我叫起来，问道："江南产什么？"我不假思索地脱口而出，"江南产美女！"于是全班同学哄堂大笑。

大学时，很少再有课程能激起我们回嘴的乐趣，但是大学里往往会产生一些奇葩老师。我们大一时期的高数老师就极其另类，年过半百了，还穿着一些花红柳绿的衣服，这倒也没什么，只是她上课的语言让人非常无语。本来高数就很枯燥，她讲课的方式跟小学老师没啥两样，明明是非常简单的问题，她非要问我们"对吗？"作为大学生，一开始我们并不爱回答如此无聊的问题，但是经不住她多次的责备，她总说："我想大家都是高材生，所以我希望我在提问题的时候你们能及时回答。"我们最后不得不妥协地跟着回答："对！"就这样，我们全班养成了跟她说顺嘴话的习惯，诸如她经常会说："是不是这样啊？"我们会齐声回道："是这样的。"

有一次，她在黑板上解一道非常难的应用题给我们看，她大声说道："同学们注意了，这道题目要先设一下！"

我们回："嗯，是的。"

她接着说："好了，我开始设了，真的设了，注意看啊！"

几个调皮的学生回嘴道："你设吧，我们看着。"

这时候只见这几个调皮的学生正在捧腹大笑，我才反应过来，也跟着大笑了起来。她非常疑惑地盯着那几个调皮的学生看，气道："不好好地看我设，在底下搞小动作还傻笑，现在的大学生真是要好好进行道德方面的教育了。好了，看我是怎么设的……"

终于，全班同学都明白过来了，一阵哄堂大笑。

# 毕业留言太无敌

　　毕业的确是一件很伤感的事情，青春少年们在一起本来就是知心相交，这友谊是耐得住考验的，因此这分别也来得异常拖沓。很多人为了多留住一点关于同学的回忆，特地准备了同学录，而这份同学录上很多留言并不伤情，更多的都是令人捧腹的忠告，这些更能为青春的回忆添釉加彩了。高中毕业时，我就弄了一本同学录，这上面的留言就很无敌。

　　飞飞（宿舍的老幺）：你下辈子一定要做个女人，不要问我为什么，喜欢我这么久了，你当我不知道啊。为了同情你，我决定下辈子娶你了，表感动，给你纸巾。

　　荣儿（高一时的同桌）：我一直不明白你为什么这么出众，你不爷们儿，也不帅，更不萌，后来我才想明白，原来你真傻，你这脑瘫劲让我们很喜欢嘛。

　　安：当年你我一起讨论音乐还记得吗？你说你喜欢魔岩三杰，喜欢何勇的《垃圾场》，到现在我才明白你为什么会喜欢，因为你毕业了，学校就干净了。生气没？呵呵，这就是我想看到的。

　　成建（宿舍最抠门儿的人）：要分别了，我好舍不得，真的，我们约定，我娶媳妇时你一定要来。不来也没关系，但是一定要把钱打到我的账户里，金额不限，但是总不能少于1000吧，账号是1234567890。

　　平平（班团支部书记）：如果说我在高中最难忘的人，那就属你了，因为你丫的居然欠了三年的团费，都是我给垫的，走之前把钱还我。

　　林子（最好的哥们儿）：你曾经说过，咱们是难友，我仔细想过了，你说得还真对。一起爬山的时候你摔进山沟里了，踩的那个人是我；一起逃课打桌球的时候，被逮着的是我，帮我写检查的是你。我才发现原来你一直在背弃我，为了抚平我心里的创伤，我决定了，高考时我要努力发挥，即便你的考分与北大差二百分，我都要超过你，我要差三百分，怕了吧，你！

周青（一总喜欢跟我套近乎的女同学）：别装了，我知道你喜欢我，而且是发自内心的喜欢，不过姐有人了，毕业了，姐就当回好心人，奉劝你一句：喜欢漂亮女孩之前，先拿面最大号的镜子照照自己。哇哈哈……

李强：俗语说，人之将毕业，说的话都是善良的。我就勉为其难送你一句话吧：同志，走好，你会一直活在我们心中的。

王猛（预备留级的同学）：由于你们走后有许多善后的事情要处理，所以我暂且留下来发挥我的余热，希望你们能记住我的恩情，以后让我蹭饭就成。

刘希（一直很臭屁的同学）：十年后，当我开着宝马溅你一身泥的时候，请不要生气，那只能怪我车子的底盘太大了，我真不是故意的；当你在菜市场卖猪肉的时候，我看见你了却没有搭理你，也不要怪我，因为我的眼里只有开宝马的，没有卖猪肉的。

王一然：嗨，怎么办，都同学三年了，这猛地一分别还真是不习惯。我真舍不得你，我看这样吧，你也交了女朋友了，我到现在还没谈过恋爱，要不你们合计早点生个女娃，我娶了她，你做我的老丈人怎么样？咦，我看这主意不错，就这么愉快地决定了。

方兰（班里一霸道腐女）：你长相低碳环保无公害，你智力一直维持在低保水平，你道德一下子拉低了全国人民的平均值，你的存在让我们感觉到前程无比灿烂，所以，你要好好地活着，千万不要让我们失望啊！

蓬头：爱你直到结婚，想你直到生娃，念你直到排泄，恨你直到掉牙。总之，有你存在，我的情绪就会围着你转，你看着办吧！

刘颖（语文课代表）：我如果爱你——绝不像攀援的凌霄花，借你的高枝炫耀自己；我如果爱你——绝不学痴情的鸟儿，为绿荫重复单调的歌曲……别想了，这是不可能的，我如果爱你，我一头撞死在天花板上，绝不学古代女子将就爱着。

齐尚尚（生物课代表）：我是祝愿你驾鹤西去呢，还是祝愿你乘龙归天呢？我是祝愿你一辈子马后炮呢，还是祝愿你碰上牛鬼蛇神呢？算了，我还是祝愿你一生都龙马精神吧，这善心可是我最后一次发了。

陈伶（英语课代表）：希望你下一次不要在老外面前说英语，普通话都没过级呢，不嫌丢人吗？

刘洋（体育课代表）：没人知道你的长跑是怎么练出来的，只有我知道。深夜翻墙后飞奔到网吧的人群之中，你总是最快的，我顶你。

金武（数学课代表）：你要是从商估计得亏死，因为不识数。那天跟你借了二十元钱，给了你五十，你居然找了我四十一，我真不知道这十一元是怎么多出来的。

兔子（化学课代表）：都跟你说了好几百遍了，玩水不是一种好玩的水，不信拿你脖子上的金钥匙试一试。

……

若干年后，我再翻开同学录，看着曾在高中一起奋斗的同学们的亲笔留言，那满满的调侃味道着实是一笔记忆的财富。

# 军训时让人捧腹的教官

大一时我最印象深刻的事就是军训了，不是因为这军训有多累多苦，而是因为军训教官太幽默了，他绝对算是最可爱的人。他曾经也是一名问题学生，高中时就频繁翻墙出校门上网泡吧，最后被学校开除。他的父母看他不惯，整天在家唠叨他，他一气之下就一个人跑去参军了，要不他现在也不会成为我们的教官了。

"你们大学生嘛，大学生就一定比一般人聪明，所以我的每一个口令你们都不应该犯迷糊。"他又开始了，他总是把这句话放在嘴边，似乎在他心目中我们就是圣人一般。我们并没有反感，相反我们更喜欢与他交流了，因为他说话一直很实在，他说完这句话的时候，我们都会回答："是的，保证不犯迷糊。"他听了我们的话后总是习惯性地露出两排大白牙。

"收腹啊，你咋搞的，不听话啊，又不是孕妇，干嘛老是挺着个大肚子。"他盯着一个胖乎乎的同学说道。

"老师，我肚子已经收了。"那位同学委屈地回答。

"收了，哦，是收了。"他挠了挠头，笑着说，"你说你没事整个这么大的肚子干啥呢？看来我要对你进行特殊训练了，把你这一整块腹肌切割成八块。"

那位同学听完后流露出一脸害怕的神情，他看到后笑着说："别紧张，逗你玩的。你尽量把肚子收好，这样才能整齐划一。"我们在一旁都忍不住地笑了。

"你们笑啥，再笑牙都掉下来了，晚上就喝粥吧。"他假装严肃地训我们。

"没事，教官，喝粥舒坦。"我们几个男生调皮地回答着他。

他笑嘻嘻地看着我们，慢慢地走到我们几个男生的身边，我们竟然不知所措了，他笑着说："你们真有个性，这样吧，你们几个人出列，站军姿十五分钟。"

我们乖乖地在一旁站着，他又开口道："好好站着，不要挑战我的视力，一点点的颤动我都是看得见的，我在部队里号称千里眼。"我们心想，惩罚我们还这么搞乐，这分明是不让我们好好站下去，但我们只能憋住笑忍了。

教官的幽默无处不在，很多女生在摆臂的时候反应迟钝，他的一句口令，女生们的手臂就容易放错位置。一次，他终于怒了，说道："跟你们这几个女生说了多少遍了，听我口令，前后摆臂，你们把手放在臀部做什么呢？打麻将爱自摸是吧？"

我们几个调皮的男生又在底下跟着起哄，说："教官摆一个，教官摆一个。"

他注视着我们，说："每天都是你们几个在瞎起哄，我在给妹子正经说事呢。"

我们又说："那就给妹子示范一下摆臂吧，她们一定很想看。"

教官皱着眉头，说："好，让那位妹子到我这里来，她的动作就很标准，让她给妹子们示范一下。"那女生才意识到教官说的是她，教官清了一下嗓子，说："对，就是你，来，你妹儿……"

"对，你妹！"我们又齐声说道。教官这会儿意识到自己说错话，脸红了起来，接着他就假装镇定地说："别闹！认真点，这是军训。现在听我口令啊，全体都有了，都有了……"

他一直在重复"都有了"，我一直很好奇，这"都有了"到底是几个意思。

军训是要验收成果的，这时候我们就得喊一些口号了，教官就开始教我们喊："团结奋进，热爱祖国，努力学习，积极向上。"

我们跟着喊道："团结奋进，热爱祖国，★★★&★&"后面就给忘记了，我们就糊弄瞎说。

他嚷道："这四句话总共就十六个字你们都记不住啊。干啥吃的？"

我们回："突然就给忘记了。"

"哦，你们这是得了暂时性失忆症，那我问你们什么时候结束军训吃午饭啊？"

"十一点半。"

"这个你们倒是记得很清楚，原来你们是患了选择性失忆症啊。不过，在我这里，我都能给治好了。这十六个字你们给我大声喊二十遍，少喊一遍就再追加五遍，听到了没有？"他严厉了起来。

"听到了。"我们大声地回答，生怕声音小了惩罚再加重。

"我知道你们都在恨我，不过我很乐意你们恨我，这样就可以记住我了。但是你们一定不能当着我的面打喷嚏，这就明摆着向我挑衅，即便你心里头想骂我也不能用喷嚏表示出来。你们现在只能对我绝对服从，不过明天过完检阅你们就自由了，到时候你们就可以尽情地打喷嚏了。"他非常动情地说了这些话，显然这段时间他与我们相处得很愉快，毕竟在年龄上他也就比我们大了一两岁。

我们这会儿并没有调皮地回嘴，都在一旁沉默了很久。后来检阅也顺利地结束了，导员本来想开一场欢送会欢送一下他的，可他们最后都提前走了，这一段青春的记忆也始终印刻在我们的回忆里。

# 哪些专业的女生追不得

刚上大学那会儿，学长们都倍儿热情，总是给我们介绍这儿介绍那儿。学院为了让我们与学长熟悉并搞好关系，还特地组织了一个联谊会，会议的重点就是侃天，五湖四海地侃，侃到尽兴为止。

当时我和超还有峰哥坐在一起，围在我们身边的是几个大二的学长，他们非常想把自己所知道的东西全都告诉我们，生怕我们在大学里走了弯路。峰哥可能是年纪较大的缘故，对恋爱这一话题产生了浓厚的兴趣，于是他就问这些学长："咱们学校哪个专业的女生最适合追来做女朋友呢？"

只见学长 A 抢话道："哪个专业的女孩适合追来当女朋友我不清楚，但是哪个专业的女生追不得我倒是很明白。"

"说来听听吧，让我们学弟们也先警醒警醒。"峰哥急切地说。

"中文系的女生是最追不得的，别以为学中文的就是温婉美丽，那些都是假象。她们整天就爱看一些浪漫的爱情小说，总是把自己的男朋友想象成小说里的男主角，只要你稍稍让她不满意，她就会甩脸子给你看，而你永远也不可能让她全部满意，因为你是现实中的男人。"学长 B 说道。

"学长你怎么有这么深的感悟啊？"超问道。

"别提了，我当初就因为中文系的某女孩长得好看就追了，结果把自己害惨了，每天想着法儿地让她开心，结果她总是挑我刺，一会儿说我没有徐志摩有才，一会儿说我没有梁思成博学，一会儿又说我没有金岳霖专一，我倒是纳闷了，她也不是才女林徽因啊，后来我实在忍不了就和她吹了。学弟们，记住，中文系的女生追不得。"学长 B 倒苦水般地说着，我们都非常认同地点了点头。

"还有还有，工商管理系的女生更追不得。她们个个精于算计，连买包口香糖都会花你的钱。这些都没什么，最糟糕的是她们会把自己的钱省下来去炒股，股票涨了就吵着让你请她吃饭，因为她心情好；股票跌了，就会生气不理你，各种放你鸽子。我现任女朋友就是学工商管理专业的，我不能再忍下去了，我都和她冷战了一个月了，估计我们之间也要黄了。"学长 A 苦着脸说道。

"啊，这么惨啊，算了，我这人本身就比较抠，我还是不考虑这个专业的女生吧。"峰哥叹着气说。

"我用我血的教训告诉你，计算机系的女生最碰不得。"学长 C 终于说话了，他在一旁都愣了半天了，他接着说："她们整天就知道捣鼓那些系统啊代码啊，对待电脑比你还亲。我当年花大价钱买了一台苹果本，她非要给我电脑装一个虚拟机，说要试试苹果机子的性能。我只好依她，结果她给我装完后，系统的运行速度奇慢，最后我花了一百块钱让售后重装了系统，这个我也忍了。最让人生气的是，她没事就喜欢捣鼓手机，我的手机被她整坏了很多次了，我很多重要的资料都被她弄丢了，她却从来没有道歉的意思。这不我刚买了一个 iPad，都不敢跟她说，怕又被她祸害了。"

"学长，你的意思是你的现任女朋友是计算机系的？"我问他。

"可不吗，当初在食堂里碰见她，觉得她有股子可爱的呆傻劲，就交往了。可后来我才知道她是计算机系的，她蹂躏了我所有的 PC 产品，它们现在都提前进入老年期了。所以，你们不是很有钱的话，不要靠近计算机系的女生，太可怕了。"

"哦，我懂了。"我张着嘴回答。

这时候学长 A 又说话了，他开口道："我们宿舍一哥们儿交了一美术系的女生，一开始他乐得像朵非洲太阳花似的，但是很快他就蔫了。他说女朋友整天对着一成熟爷们儿的裸体看，他受不了。不过也怪他的觉悟低，艺术就是这样。他为了让女朋友不再看成熟爷们儿的裸体，答应给她当裸体模特，她也同意了。结果那天在画室，除了他女朋友在场以外，所有的美术系学生都在场，连老师都在场，老师还用他的身体做美术方面的讲解。他跟我们说那个时候他恨不得找一个地缝钻进去，原本是想勾搭女朋友的，结果他把自己的节操全丢了。"

"啊，这么劲爆的画面啊，看来美术系的女生果真是毒蛇猛兽啊，不考虑，不考虑。"超哥摇着头说。

在学长们七嘴八舌的议论中，我们得出了很多重要的信息，我们总结了剩下的几个专业的女生也碰不得：

考古系的女生追不得：她们整天跟你讲盗墓，讲文物，跟个老学究似的，烦不死你也瘆死你。

临床医学系的女生追不得：吃饭的时候都会跟你聊人体解剖，不恶心死你她们是不会甘心的。

体育系的女生追不得：普遍长得比较爷们儿，关键是一不爽就动手，你还打不过她们。

……

经过学长们的总结，我们将一个又一个专业的女生都拉黑了，结果发现可供选择的专业基本上没有了，而那些可供选择的女生，都是因为这些专业的女生跟他们生活从来没有过交集，换句话说，不论什么专业的女生都是难缠的。既然这样，我们这些学弟们就只能两眼一抹黑了，因为我们完全没有得到半点有用的信息。

## 大学男生写给女友的一封信

　　我有一阵子失恋心情很糟糕，为了挽回我的爱情，我就瞎琢磨着写一封感人肺腑的信给身在异地的她，希望她能回头。于是我用键盘敲击道：

　　我们隔得很远，无法执手相牵，这也不是我所愿的呀。你说过我们需要沟通，需要理解。可你曾想过我吗？我知道你曾认真地想过，我见你第一面的时候就有一种见人间四月天的感觉。我没和你说过，但至少我曾透露过。我不想表现得很露骨，但起码你是懂的。

　　我知道这一切都只怨距离带来的隔阂，在彼此心里都存有最美的剧目，只属于我们自己。我不善于缠绵悱恻，更不可能花言巧语。我只在做我自己。我承认我很少打电话给你，但我天生对电话不敏感。拿起电话我就语塞，也许纵有千言万语，那一刹那，我是什么也说不出的。我打电话约摸五分钟便可终结，可对你我愣是坚持了一个小时。或许对平常人来说这很正常，可我不一样，我不是不想说，而是一拿起电话我就木讷。

　　见面是极其困难的，我很想趁着假期去家乡，可是每次回去的时候火车上的环境实在是太煎熬了。我知道我可以选择牺牲的，这我也无所谓。只是每一趟旅程，长途跋涉，总得休整下吧。可事实是当我恢复得差不多的时候，假期便无情地结束了。我每次放寒暑假的时候总在你之后，我很想去你学校，可你每次都已在家中。我说过去你家的，可是你不肯，我也深知不妥。于是作罢，这些都是我很难去权衡的。

　　……

　　正当我写得正酣时，舍友超赶过来了，他盯着我的电脑有大半天了，突然说道："异地恋本来就经不住考验，反正都失恋了，写得再情深意切都没有用了。而且你这信写得虽然文采很好，但是一点创意也没有，你等一下，我给你发一段网上某大学男生写给女朋友的信，你倒是可以学一下，没准儿能挽回你的恋爱。"

我是好奇的，于是我接收了超发来的文档，看完之后我服了，不过我要是照着他写信的方式去写，我估计我和她之间就永远没戏了。但由于那封信确实有趣，我就存在了自己的电脑里，信的内容大致是这样的：

我知道作为一个男人挺失败的，但我是绝对不说假话的男人。也许短信中我话语极少，我觉得会越描越黑，索性在这里跟你澄清吧：一来你是我珍惜的人，对于你我要说真话，也是对我诚意的一种考验；二来我也想让你指出我的缺点，我一定会——纠正。

但是我有些话一定要对你说，你说我不爱你了，这句话太伤我了，我做的每件事都是在表达对你的爱。

我们大二时谈的恋爱，大一时我拿的是全班最高的奖学金，大二时我却成了全班补考科目最多的差等生，这是因为我爱你！

你心情不好时就捏我的肉，各种拳打脚踢，我生气的时候也只能捏自己的肉，各种自残，这是因为我爱你！

你总是当着我的面说谁谁谁很帅很酷，我当着你的面连范冰冰都得说成是丑八怪，这是因为我爱你！

你生病的时候，我带你出去租房子，每天煲汤给你喝，把你伺候得跟老佛爷似的，病好了，你就胖了五斤；我生病的时候，你到我的宿舍来，美其名曰要照顾我，结果把朋友送给我的补品全都吃光了，后来我瘦了五斤，这是因为我爱你！

你跟你的姐妹淘在一起的时候可劲地说我长个傻愣个儿，一点也不给我留面子；我在兄弟们面前从来不说你矮，只说你长得精致，这是因为我爱你！

你说你喜欢养宠物，我就去宠物店买了最漂亮的狗狗送给你，结果你还给养丢了，这我都没怪你；我生日的时候，你却送了我几条蔫了吧唧的金鱼，搞得我辛苦喂养它们，最后它们都活了，你说要放你那儿几天，结果两天过后你说金鱼全都死掉了，我还是没怪你，这是因为我爱你！

我帮你洗袜子洗裙子甚至洗内裤，你的衣服我洗完后一个褶子都没有留下；

可我让你洗一回衣服，你就给洗得像麻球似的，最气人的是内裤还破了个洞，但是我还是很开心，这是因为我爱你！

你总是爱假设，你问我要是你爱上了别的男的，我会怎样，我说我会将那个男的宰掉，你说我太霸道，我忍了；可当我问你要是我爱上了别的女的你会怎样，你非常恳切地说要把我变成太监，我还是忍了，这是因为我爱你！

你过生日的时候我总是变着法儿来讨好你，什么烛光晚餐，生日派对啊，我都给你弄过；可是我生日是几月几号你到现在都搞不清楚，我不在乎，这是因为我爱你！

……

这一切的一切都是因为我爱你，你看到了吗？希望你看到这封信的时候不要再生气了，我张开双臂等着你的抱抱！

看完这位大学男生写给女友的信，我实在是佩服得很，这爱得很坎坷也很深入，相比之下我就差很多了。最后我的那封信也没有继续写下去，后来，她跟了某个优秀的男生，而我至今还是光杆司令。不过我倒是很好奇那位写信的男生跟他的女友后来怎么样了，我相信很多人都想知道，不是吗？

# 青春时都做过的糗事

　　青春是一生中最美好的时光，最善良的岁月，不然，我们为什么把四季中花开时节叫作"春"呢？老人总会一遍又一遍地回忆青春岁月，那时候我们有使不完的力气，那时候我们有不受束缚的思想，那时候我们还没受过伤害，总想去看一看这个世界，那时候的快乐是那么纯粹，连忧伤都单纯得可爱。

　　当然，我们也做过很多糗事啦。虽然现在我们觉得那些事情幼稚荒唐，想起来还会有些脸红，但是当时我们竟然那么心满意足地沉浸在那些小快乐里，没心没肺、手舞足蹈，仿佛周围的一切都不存在。

　　至于我们干过的那些事嘛……咳咳，不要以为你可以嘲笑我，不然自己看看，我就不信你一件都没干过！

　　1. 很多年前，我走在校园的林荫小道上，太阳高挂在天空，前面的人正幽幽地走着。我很闲，也实在不知道接下来要做什么，于是我紧跟着前面的人，我的目的很简单，就是每走一步都要踩到他的影子。我看起来就是这么幼稚，我当时的想法就是一定要踩疼他，看他还敢不敢走在我前面。

　　2. 高中自习课时实在无聊，就拿着某本书里夹带的光盘照照自己，摆弄摆弄头发。摆弄腻了，就拿光盘的镜面反射阳光，照某个正在认真学习的美女同学，照某个平时混在一起的哥们儿，我想我这只是在极力地寻找存在感，说白了，我就是闲得蛋疼。

　　3. 在路上我碰到熟悉的朋友或同学时，总是要拍一下他的肩膀，重要的是我拍的是他的左边，但我却立马赶到他的右边来，如果他不感到惊讶，我会非常失望。

　　4. 当时流行吃那种四四方方的瑞士糖，我每次吃完，都要把糖纸折回以前的形状，然后对旁边的小伙伴说："哎，给你块糖。"当然，他一捏就知道里面是空的，此时他会非常生气，不过我不怕——因为我早就跑出二里地去了。我妈常说："唉，你叠被子要是有这个劲头，你的房间也不至于连个下脚的地方都没有了。"

5. 找一张纸铺在硬币上，然后拿一根铅笔在上面涂，把硬币的形状拓下来。天哪，我画得好像，我一定是个绘画天才！现在想想，真不知道那时候在干吗。难道拓下硬币图案的纸可以用来买东西吗？

6. 逛超市时一脚踏着推车，一脚在后面蹬着走。大概是因为邻居家孩子有酷鼠滑车而我没有，因此产生了补偿心理吧。后来，我知道了一个词，叫"山寨"，原来我那么小的时候就已经敏感地预测了未来时尚的走向啊！

7. 在别人背后贴一张"我是傻瓜"的纸条。有一次，我居然还贴到了某个老师身上！我一直坚持认为，这是我活到现在人生中最辉煌的时刻。当然，我现在知道了这个行为是很幼稚的，不过，真的很好玩啊！

8. 把手插进米缸里，然后突然抽出来，希望看到米把手指弄出的空隙填满。这简直就是一项自己跟自己较劲的体育项目，没有最快，只有更快。重要的是在追求更快的过程中，我患上了强迫症。

9. 骑在楼梯扶手上滑下去。当时我几乎所有裤子的裤裆总是起很多小球，妈妈每次给我整理衣服总是很狐疑地看着我。直到有一次，我和另一个小伙伴一起骑在上面想往下滑，结果他突然怕了，把住扶手死活不敢下，我骑在他上面，他不下我也动弹不得。后来我累了——当然他更累，因为他还得顶着我——往下滑了一点，然后他吓得号啕大哭，我妈听见赶紧开门，发现我们这个囧态，一边笑一边把我俩抱下来了。后来，妈妈再也不担心我裤裆的小球球了……

10. 在手扶电梯上往相反的方向跑。每次这样跑过别人身边时，他们总会对我的活力由衷地赞叹一句："有劲没处使啊？"后来有一次，我上了电梯结果鞋带开了，我蹲下系鞋带，然后……

11. 用荧光笔涂指甲。这其实没什么，哪个小女孩敢说自己小时候没有偷穿过妈妈的高跟鞋，没有偷抹过妈妈的口红？问题是，我是个男孩啊！

# 糗事一箩筐

## 第四章

# 甜蜜恋人录

# 史上最爆笑的情话

都说男人是视觉动物，女人是听觉动物，浪漫的男人一定懂得送上适时的情话。而我，简直就是这方面的楷模。

有一天，我闻到女朋友身上有一股特别的香味，于是说："亲爱的，你好香。"

"那是，我买的法国香水，花了不少钱呢。"

"是吗？感谢你如此破费慰劳夫君。"

"你说说，什么感觉？"

"就是……香啊。"

"怎么个香法？"

坏了，我一个理科生，哪懂那么多形容词啊？想背两句诗，怎奈高考诗句默写就对了两个的水平，我也憋不出啊，情急之下，只好说："就着你这香味，我能吃下三大碗米饭！"

瞅瞅咱这文学功底，要不怎么说诗在民间呢。于是那天晚上她就不理我了。

即使是再甜蜜的话，如果说的人不对，多少也有那么点儿别扭。

一天，我突然接到一个电话。里面是一个娇滴滴、甜糯糯的声音："喂，猜猜我是谁？"当时我就一激灵，觉得她说话呼出来热热的气，通过话筒吹到我耳朵眼儿里。我缩缩脖子问："小姐您……您哪位啊？"

"哎呀人家叫你猜嘛。"

"Mary？"

"不是啦。"

"Sunny？"

"不是啦。"

"那是 Ivory？"

"哎呀不是啦，再猜。"

"妹妹不要淘气啦，有事快说，我这赶着出门买痔疮膏呢。"

"你有一份快递十二点到，注意查收。"

……

难道现在快递公司都这么有情趣吗？

在我们公司，张公子是公认的情圣。当我们只会对心仪的姑娘说"亲爱的，我想和你一起睡觉"时，他就懂得说"亲爱的，我想和你一起醒来"。他和姑娘调情的水平简直令傻熊建国之流感到绝望。

有一次，他对一个姑娘说："可爱的姑娘，你知道你有多美吗？如果美丽是一种罪，那么你罪恶滔天。如果法律规定只能爱一个人的话，我想那个人一定是你！"

那个姑娘娇嗔道："讨厌！"

张公子说："漫漫长夜，无边孤寂，还未分离，我已开始想念你。不如，今晚我们一起去桂林米粉共进晚餐吧，长长的米粉，就如同我对你的爱。"

于是他得逞了。

第二天，他对另一个姑娘说："美丽的姑娘，你知道你有多可爱吗？如果可爱是犯错，那么你的错误不容原谅！"

"讨厌！"

"耿耿星河，遥遥相望，还未分离，我的思念已经成灾。不如，今晚陪我一起参加烤串嘉年华吧，烈烈炭火，如同我炽热的爱恋。"

于是他又得逞了。

第三天……

建国实在看不下去了，问张公子："你这样就不对了，对每个人都说'如果法律规定只能爱一个人的话，我想那个人一定是你'，你这不是骗人吗？"

阿发敲了敲建国的脑袋："我问你，法律规定只能爱一个人了吗？"

建国："没，没有啊。"

张公子："还是的，那不就结了。"

所以，奉劝普天下的姑娘们，如果你碰见的是张公子，那你不要太相信他。如果你碰上的是建国呢？那你大可放心，他不会骗你。不过你千万别以为建国就只爱你一个人，这年头，像我这么专一的男青年毕竟不多了。我的意思是，如果建国说："如果法律规定只能爱一个人的话，我想那个人一定是你！"他一定会说出下一句："不过既然法律没规定，那就算了。"

我刚开始追我女朋友的时候，着实下了一番苦功。她是个文艺女青年，平时就爱读读诗，据说这样的女孩最难追，我偏不信。喜欢诗，我就给她写诗。虽然我不会，但是可以学啊——毕竟我不能写程序送她吧。

第一天：

不知你过得可好，反正我情况不妙。在每个角落寻找你的倩影，满脑子嗡嗡嗡都是你的声音，求你快打个电话救救我，再这样下去我会干涸而死。

她回信："嗡嗡嗡"？难道我是一只苍蝇吗？

第二天：

因为爱你，整个世界都变得美好。垃圾池里仿佛鸳鸯交颈，臭水沟里都能花开并蒂，厕所飘来蛋炒饭的香味，连傻 × 建国都变得美丽！

她回信：你还是去爱建国吧。

第三天：

春天来了，我爱春天，因为这是个可以叫的季节。花开了，冰融了，苍蝇恋爱了，蚊子结婚了，老鼠同居了，麻雀怀孕了！让我们也在一起吧。

她回信：在一起除四害吗？

第四天……

第五天……

第六天……

终于，在我凶猛的情诗攻势下，她答应我了。

我把她拥入怀中："亲爱的，你是因为我的情诗而爱上我的吗？"

她说："你以后能不再写诗了吗？"

我："可以啊……但是为什么呢？"

她说："不为什么，我觉得你不再写诗是对诗做的最好的事。"

所以，之后只要一有人问我们是怎么在一起的，我就会自豪地告诉他，是诗歌让我们结缘的呢。

# 都市男女好幽默

　　张公子身边从来不缺女伴，不得不说，在讨女生欢心这方面，他天赋异禀。

　　情人节，他对刚认识的一个女孩说："女孩子，情人节一定要有花陪伴的。你喜欢什么花？我买给你。"

　　女孩笑着说："真的都买给我吗？我喜欢两种花。"

　　张公子："哪两种？"

　　女孩："我喜欢有钱花和随便花。"

　　张公子含情脉脉地看着她说："你知道吗？你今天好美。"

　　女孩笑得花枝乱颤："呵呵，是吗？你说说，我哪里美？"

　　张公子："想得美。"

　　当然，不是每个女孩都这么追求物质，张公子上个月认识了一个女孩，她说，她一向视金钱如粪土。张公子嘴角一勾："这我信，要不怎么鲜花都插在牛粪上呢。"

　　和张公子形成鲜明对比的，永远是建国。

　　其实，长这么大，谁能没点儿艳遇呢？在一般人眼里，建国是呆子，在口味奇特的人眼里，这就叫"呆萌"。建国上大学时，同系有一个女生喜欢她。此女平时学习刻苦，成绩平平，爱看《心灵鸡汤》并在格言警句下面画横线，心如死水，面无表情，能俘获她的芳心，那可真不是一般人能做到的。

　　那天，全系上大课，下课后，他们一起回去。

　　女孩说："我脸上有雀斑。"

　　建国说："嗯。"

女孩说："你讨厌雀斑吗？"

建国连连摆手："当然不会了，我从小就特别喜欢小数点。"

然后建国的初恋就到此为止了。

有一天，建国来上班，头上缠着绷带。我看见了就问他："建国，你这是怎么了？不会是跟人打架了吧？"

建国转转眼珠："当然不是了。昨天我去喜欢的姑娘家楼下和她表白了。她从楼上抛给我一束花。"

我说："那有戏啊。不过这和你受伤有什么关系呢？"

建国说："她忘了把花从花盆中拔出来了。"

我当即大笑不止，建国急了："笑什么笑，你以为真没有女孩喜欢我吗？"

我说："难道不是吗？"

建国："当……当然不……不是啦。"

我："那你倒说说，谁那么不开眼啊？"

建国："我上初中的时候，有一个女生，愿意为我而死呢。"

我："这倒新鲜了，说说，她是怎么愿意为你而死的呢？"

建国："她当着全班同学的面，亲口对我说，你要是再缠着我，我就去死。"

其实，不管是张公子还是建国，谈恋爱终究不过是打打闹闹，婚姻才是最真实最赤裸的生活。婚姻往往会最大限度地激发出人类的幽默感。不信看看经理就知道了。

经理夫人问经理："亲爱的，你以前每天都送我一朵玫瑰花，可是结婚以后再也没送过，这是为什么呢？"

经理边看报纸边说："你见过有人给已经钓上来的鱼喂鱼饵吗？"

经理夫人说："你变了，现在连看都不看我，刚结婚的时候，你对我说，我美得就像一部电影，你都忘了吗？"

经理说："我现在也这样想，你像一场毫无新意的恐怖片。"

经理夫人生气了："你当初可不是这样说的，你以前最喜欢搂着我的腰在我耳边说悄悄话。"

经理说："是吗？我现在也想这样，可是找不到你的腰在哪里。"

经理夫人一口银牙咬得嘎吱作响："你……你太过分了！早知道我宁愿嫁给

鬼也不要嫁给你！"

经理呷了一口茶说："那可不行，《婚姻法》上说了，不允许近亲结婚。"

经理夫人带着哭腔说："你不爱我了。"

经理说："你不是一样吗？以前你生气，会把东西往地下扔，现在你生气，只会把东西往我脸上扔。"

经理夫人大叫："我才没有呢。"说着，把手机往经理脸上扔过去。

看看他们，我就觉得我无比幸福。我的女朋友总是温柔善良而体贴的。比如昨天，她见我在钱包里放了九百块钱要出门，就对我说："给你凑个整数吧。"我当然答应了。于是她从我钱包里抽走了八百块钱……

我喜欢打麻将，她却最讨厌男人打麻将，认为是没出息，不上进。有一次她出差，我心下窃喜，终于可以痛痛快快地跟哥们儿打几宿麻将了。没想到，第一天晚上就接到了她的电话。

"喂，你在哪儿呢？"

"在家里做饭呢。"

"没去打麻将？"

"怎么会。"

"我床头有本书，你帮我拿一下。"

我心里纳闷，拿过来你还能看不成，但还是假装一下："等一下啊。喂，已经拿来了。"

"哦，你帮我看一下，我上次看完折角的是在哪一页。"

亲爱的，没看出来，你这么有心计啊。

在我眼里，这只是一个爱的小插曲。其实，她很尊重我，甚至有点儿崇拜。遇到事情，总会征求我的意见。

昨天，她就很诚恳地问我："亲爱的，最近几天晚上你总是说梦话，你说，我们是不是应该去医院看看啊？"

我很笃定地告诉她我的决定："不必了。"

"为什么呢？"

"因为如果看好了，我在家里就一点发言的机会都没有了。"

# 我很年轻，长得成熟而已

快毕业的大学生，都发愁怎么让自己看上去更成熟，更像一个值得信赖的社会人，于是，买西装、留分头、蓄胡子，使出种种手段，生怕别人看出自己的学生气。但是，我的同事阿发从来没有担心过这一点，事实上，他从上初中开始，就已经脱尽了"学生气"。不得不说，我们对他还真是羡慕啊。

阿发中考时，刚准备进考场，被监考老师拦住了："对不起，家长不能进去。"于是，阿发只好拿出了准考证，在监考老师狐疑的眼光和众人的窃窃私语声中，完成了人生中第一次重大考验。

阿发考上了区重点，感觉无比良好。他对家长说："爸妈，我已经长大了，我上高中你们不用送我去了，我自己可以的。"

阿发的爸妈看着儿子脸上的胡茬儿和皱纹，欣慰地说："好孩子，你的确已经长大了。"

阿发收拾了行李，让表弟帮他一起扛到了学校。报完到后，阿发扛起行李就往宿舍走，只把很轻的两个脸盆留给表弟拿。正走着，负责报到的老师跟上来了，严肃地对阿发的表弟说："同学，你已经上高中了，应该懂事了。刚才报到的事，你明明可以自己做，却完全让父亲代劳，现在，你父亲要为你扛这么重的行李，而你自己却只拿两个脸盆，你自己不觉得难为情吗？看看你父亲，这么大年纪了，他哪里还干得了这么重的活儿？"

阿发听了，刚想向老师解释解释，还没等他开口，老师就转头对他说话了："这位家长，我知道你想替孩子说两句话，我也理解您的心情，可是，您这样大包大揽，对孩子的成长是没有好处的，孩子都这么大了，你还有什么不放心的呢？"

阿发努力保持着微笑，心里默默问候了这位老师的所有家人。

进班后，因为长相成熟，看上去稳重，老师便让阿发当了班长。第一次家长会时，班主任在讲台上讲话，各科的任课老师坐在第一排，作为班长的阿发从办公室里拎了一壶开水，给每位老师的杯子里倒满，然后便在老师们旁边坐下了。

家长会结束，阿发刚准备起身组织同学们打扫卫生，没想到突然有一群家长向阿发围拢过来。阿发心想："难道他们都知道我是班长，让我照顾一下他们的孩子吗？没想到，班长有这么大的威信啊。"于是摆出了一副从容不迫的笑容，亲切地对挤到最前面的家长说："请问您找我有什么事吗？"

那位家长说："您好，我是刘福根的父亲啊。"

"哦，刘爸爸啊，您好您好！"阿发朝他点点头，眉毛一抬，额头上的皱纹更明显了。

"哎呀，老师，是这样的，我家福根在您的课上表现怎么样啊？"

阿发一听这话，脸当时就拉下来了："对不起，您认错人了。"

"老师，您别说这话啊，我就知道，福根他肯定又调皮捣蛋了！这孩子不懂事，您该打就打，该骂就骂，可千万别不管他啊！"说着眼泪都快掉出来了。

阿发哪见过这阵势，吓得撒腿就跑。耳边隐隐传来这样的声音："唉，这什么老师啊，这么不负责任，孩子交给这样的人怎么放心啊，怪不得我家小珍退步了呢，真是的……"

高考时，阿发没考好，复习了一年。在复习的一年中，阿发十分努力，成绩有了明显的提升。第二次高考时，正当阿发踌躇满志，准备证明自己时，中考时的一幕再次发生。

不过，有了第一次的经验，阿发明显淡定了许多，他拿出了准考证给监考老师看。

监考老师看看准考证，再看看阿发说："复习生吧？"

阿发笑着说："是的老师。"

没想到监考老师居然亲切地拍了拍阿发的肩膀，感慨地说："不容易啊。"

阿发没太在意这句话，走进去坐下后才反应过来，当时真想大喊："妈蛋老子就复习了一年！一年！"

阿发上大学了，这次他再也不敢带表弟去了，只好让他爸妈帮忙拿行李去学校，心想，这下总不会被误会了吧。

到了宿舍一看，原来其他人已经到了，还有另一个同学的父亲在。那个同学的父亲主动给阿发一家三口各倒了一杯水，对阿发的爸爸说："送孩子来上学辛苦了吧？"

阿发暗喜：这次总算没认错。

那个同学的父亲接着说："这孩子在家里肯定是个宝贝，你看他一个人来上学，家里三个大人都来送啊。不过，倒是没看见您家孩子呢，去网吧了？"

对于这些经历，阿发只能表示很无奈。不过阿发也很乐观：现在我是显得"成熟"，但将来大家都变"成熟"了，我不就不显了吗？没准儿我还能显得比他们更年轻呢。

的确，这几年，说阿发显老的人越来越少了。而且，竟然还真有人夸他显得年轻呢。

事情是这样的。

阿发坐公交车，主动给一个老奶奶让了座。老奶奶坐下后，跟阿发聊起了天。

快下车时，老奶奶问阿发："孩子多大了？"

阿发说："今年二十八了。"

老奶奶说："呦，看不出来，真显年轻。"

阿发这辈子头一次听人说他显年轻，心花怒放，脸都红了。

老奶奶接着说："看着你孩子最多也就是上大学，没想到都二十八了！"

就在老奶奶说出这句话的一瞬间，一些重要的事发生了——阿发彻底放弃了能"显得年轻"的愿望。

后来，阿发也问过别人："你们说，我真的那么显老吗？"

大家默默不语，苏西一脸惨笑："哪有，你就是，长得……有点儿着急……"

# 我到底先救谁呢

不知道是哪个缺心眼的，发明了“我和你妈掉水里，你先救谁？”这个蠢问题。更可悲的是，无数女人以此问题作为检验她们爱情的工具。自从有了这个问题，男人的幸福指数就急剧下降，智商指数可是迅速提升。

阿能追他女朋友的时候，他女朋友就问：“如果我和你妈同时落水，你先救谁呢？”

阿能心想：咱俩这还没怎么样呢，先把我妈搭上了，凭什么？于是义正词严地告诉她：“我，当然是救你了。”

他们在一起之后，他女朋友又问：“如果我和你妈同时落水，你先救谁呢？”

阿能想，反正已经追到手了，不用太违背良心吧，就回答：“我都救啊。”

他女朋友说：“都救？你有那本事吗？”

阿能说：“我背一个抱一个。”

他女朋友：“背谁抱谁？”

阿能：“背你抱她。”

他女朋友小嘴一噘：“为什么不是抱我？”

阿能：“可是，我只会蛙泳啊。”

阿能和他女朋友快结婚了，他女朋友说：“亲爱的，在结婚之前，我有必要再检验一下你对我的爱，现在告诉我，如果我和你妈同时落水，你先救谁？”

阿能：“别闹了，婚礼这么多事都没准备呢，还不抓紧时间。”

他女朋友：“不行，你必须说。”

阿能：“我救你。”

他女朋友："真的吗？原来你对我的心一直没变。"

阿能："以后也不会变了，我妈为了我的终身幸福，快五十的人，愣把游泳学会了。"

这件事，张公子的女朋友们也问过他，他以前总是回答："我把妈妈救上来，然后和你一起死。"这时，通常对方会很感动（这一点我实在理解不了，好好地相爱不干，非把自己和男朋友都弄死了就开心了）。

也有的时候，他被问得不耐烦了，就说："亲爱的，如果这种情况发生，我想用不着我出手，我妈妈会救你的，她年轻的时候可是全市游泳冠军。"

这时对方会很不满意："那为什么你不来救我？"

张公子答曰："宝贝，如果我下水，那你就死定了。因为我可不会游泳，如果我下去了，我妈一定会先救我的。"

经理夫人也会这样问经理，特别是当她在婆婆那里受了点儿委屈时。

经理夫人："快别看报纸了，我问你，如果我和你妈同时掉水里了，你先救谁？"

经理："我救不了啊，我不会游泳。"

经理夫人："假设你会呢？"

经理："那我救我妈呗，你自己不是会游泳吗？"

经理夫人："假设我不会呢？"

经理："你不会游泳，我妈也不会，你们俩去水边干吗？去了还不小心点儿，还往里跳？"

经理夫人："不是说了嘛，是假设。"

经理："你假设什么不好，非假设我妈掉水里。你怎么不假设一下，是你妈掉水里呢？"

经理夫人："那，我妈和你妈掉水里，你救哪个？"

经理："两个老太太没事去水里干什么？而且你妈不是晕水，平时连桥都不敢上吗？"

经理夫人怒了："一跟你说正经的你就打岔，当初你可不是这么对我说的。"

经理："我已经后悔了，早知道你这么啰唆，当初我就不救你了。"

不要以为，只有今天的女人才问这个问题，其实，这是个亘古不变，历久弥新的哲学问题，也是长期困扰人类中最聪明的头脑的科学未解之谜。不信就看看古人是怎么面对这个问题的吧。

孟子

昔我妈，择邻处，我不学，断机杼。我不能对不起妈妈，老婆死了能再找，妈可就一个。

庄子

生亦何欢，死亦何哀？你们谁死了我都鼓盆而歌。

刘备

面对刘备希望联姻的请求，孙权虽然知道对吴国有利，但始终放心不下小妹。于是问刘备："如果小妹和令慈大人同时落水，阁下先救哪位？"

刘备一听，气不打一处来，就算蜀国国力尚弱，我好歹也是皇叔，岂容你这般戏弄，而且我母早已故去多年，怎么又跑水里去了？于是破口大骂："救你妹啊！"

孙权一听，终于露出了会心的微笑，点头说道："如此我便放心了。"

王勃

什么？掉水里了？那还等什么，赶紧救人啊！救谁？救上谁算谁吧，我先跳了。

于是，一代英才，少年才子，卒。

# 想要做个好男人真难

常言道："女人心，海底针。"女人的心思，真不是我这种糙小爷们儿所能参透的。明明想让她高兴的，但她总能找出不高兴的理由。上帝一定是早就预料到亚当会犯错，所以才造了夏娃惩罚他吧。

你长得丑吧，她嫌带不出去；你长得帅吧，她怕带不回来；你老实吧，她嫌无趣；你浪漫吧，她说华而不实；你有钱吧，她说会变坏；你没钱吧，她说没有安全感；你顺着她吧，她嫌你没主见，不像男人；你不顺着她吧，她嫌你欺负女人，更不像男人；你重视工作吧，她嫌你冷落了她；你重视她吧，她嫌你没有事业心；你年龄大吧，她说中年男人城府太深；你年龄小吧，她说对不起，不喜欢姐弟恋……

女人永远有双重标准，而且总是使用对你不利的那一重。

陪女朋友逛街，她看上一件衣服，问我："这件我穿好看吗？"

我说："好看，就它了。"

她脸一下子沉下来："就知道你不想陪我逛，总是敷衍我。"

我说："其实不是太好看，要不我们再看看吧。"

她脸上乌云密布："就知道你不想给我买！"

我们一起看电视，她问："你觉得舒淇漂亮吗？"

我眼珠一转，这话可有地雷啊，千万不能在一个女人面前夸其他女人漂亮，于是说："她……一般吧。"

她噘着嘴，摇着我的胳膊说："我最喜欢她了，你审美上要和我保持一致才行。"

我马上改口说："嗯，仔细看看也蛮有味道的。"

她立刻把我胳膊放下了："原来你喜欢的是这样的女孩。"

女朋友问："亲爱的，我们今天去哪里吃饭啊？"

我说："听你的宝贝，你说哪里就哪里。"

她说："我就是因为不知道才问你啊，你就不能拿回主意？每次都让我花心思想。"

我说："那去吃烤鱼？"

她说："今天不想吃鱼。"

我说："去喝粥呢？"

她说："走那么远，累死了。"

我说："要不去吃麦当劳吧，出门就有一家。"

她说："这些快餐最没营养了。"

我说："你让我说，说了你又不同意，干脆还是你自己想吧。"

结果她就生气了："让你想你就敷衍我，我当然不同意了……反正我也想不出，不行，你必须想出一个我满意的！"

有一天，她居然提出她有权拥有亲密的异性朋友！我当然不能同意了，于是说："不行！看见你跟那些男的在一起亲亲热热，我就不舒服！"

她急了："和谁做朋友是我的权利，你凭什么干涉啊？而且你也太小心眼了吧，我最讨厌小心眼的男生了！"

我一想，她说得也有道理，都什么年代了，有异性朋友这很正常，至于亲密……算了，大男子汉不计较。于是说："那好吧，你想和谁做朋友就和谁做朋友，我保证不干涉。"

她立刻柳眉倒竖："我就知道你根本不在乎我，我和别的男的再亲近，你也不会我为吃一点醋的！"

她喜欢赖床，闹钟响了还不起，我怕她迟到，所以把她摇醒了。哪知道她一醒就对我大发雷霆："我昨晚那么晚睡，才睡几个小时啊，你一点都不知道心疼我！"

好吧，据说女人需要的是无原则的宠爱，那我就顺着她，想睡就睡吧。第二天，她又赖床，我没叫她，自己悄悄起床上班，临走还给她掖了掖被子。没想到，下班回来，就见她跷腿抱臂坐在沙发上，铁青着一张脸："我问你，早上我睡过了你为什么不叫我？"

"看你太困了心疼你啊。"

"你是心疼我吗？你就是想陷害我！我今天迟到了，扣工资不说，还让领导当众训了一顿，全是你害的！"

我早上出门走得急，关门声音有点大。

她在屋里大嚷道："什么意思？对我不满意也没必要拿门出气啊！"

顿时楼梯都抖了三抖。我怕她误会，心想赶紧解释解释，于是轻轻地推门进去。

刚想说话，被她的话噎了回去："干吗这么鬼鬼祟祟的，做什么亏心事了吧？"

前天，她突然问我："亲爱的，我们将来生一个最可爱的小宝宝好不好？"

"当然好了。"

"那你爱不爱他？"

"当然爱了。"

"可你不是说过只爱我一个人吗？"

"那我不爱。"

"我们的孩子你为什么不爱？"

"那我……那还是别要孩子了。"

毫无疑问，我又踩到地雷了，她整整一晚上都没理我。

第二天，我想哄哄她，就到花店订了二十七朵玫瑰花，让他们送到她的公司，还在卡片上写着："亲爱的，每一朵花代表你生命中的一年，愿你的生命如花绽放！"没想到，下班后又是一张铁青的脸："我明明二十七岁，可你偏偏送我三十朵花。你说清楚，那花到底是给谁的？"

天哪，花店五周年多送了三朵这我之前也不知道啊！要是知道，我直接把那三朵送给苏西多好，怎么也不会犯这个错啊！

## 婚前婚后

　　已婚人士常会感叹："婚前婚后为何如此不同？"婚前，他对你关怀备至；婚后，他对你不理不睬。婚前，她温柔可人；婚后，她蛮横凶悍。婚前，她对你浅浅一笑，你就心花怒放；婚后，她每天围着你转，你只觉得厌烦。婚前，他努力实现你的每一个心愿；婚后，他甚至舍不得给你买一件衣服。看来，结婚真的是男女关系的一道分水岭。不信，来看看阿能和他的老婆吧。

　　婚前，阿能的女朋友每天都会打电话到公司问他："亲爱的，想吃什么？"

　　阿能压低嗓门说："亲爱的，不许你下厨，我买好回去我们一起吃。"

　　阿能女朋友："买的不卫生，我给你做好了，糖醋小排怎么样？"

　　婚后，阿能的老婆很少会打电话来公司了，一天，阿能接到了老婆的电话："今天晚上吃什么啊？"

　　阿能有种旧梦重温的感觉："嗯，突然很想吃糖醋小排。"

　　阿能老婆回答道："正好我也想吃这个，今天晚上我有点事要晚回去，你做好后等我回家吧。"

　　阿能欲哭无泪。

　　阿能经常要加班。婚前，阿能加班，十二点才回家。开门只见他女朋友趴在餐桌上睡着了，见他回来，揉揉眼睛笑着说："回来啦，我都快饿死了，快坐，我这就去热饭。"

　　阿能总是温柔地说："不用了，我去热。"热好后，他们一起吃，你喂我一口，我喂你一口。

　　阿能说："以后我回来晚了，你就先自己吃，不必等我。"

阿能女朋友说："那怎么行呢？我一定要和你一起吃晚饭。"

昨天，阿能又加班到十二点了，开开门发现老婆正趴在桌上睡觉，阿能心里暖暖的。

"回来啦，我去热饭。"

"还是我去吧。"

热好后，阿能老婆狼吞虎咽起来。

阿能心疼地说："慢点儿。不是都跟你说过好多遍了吗，我加班回来晚，你就自己先吃。"

阿能老婆说："对啊，所以我这是吃的第二顿啊。"

谈恋爱时，虽然阿能不富裕，但每当情人节，总会带他女朋友去高级餐厅吃饭，他女朋友那一天总是特别开心。

结婚后，情人节阿能大出血，带老婆去了趟之前谈恋爱时去的高级餐厅。没想到，他老婆站在餐厅门口突然生气了。

"这里这么贵，你哪来的钱？说！是不是偷偷藏私房钱了？还有多少？你今天要是不交代清楚就甭想吃饭！"

婚前，阿能和他女朋友有时也会吵架，有时阿能吵完气没消，怕见面矛盾升级，会自己冷静几天。可每次这样，他女朋友都很慌张，总是主动跑来找他和好。她总是摇着他的手臂，可怜巴巴地说："我知道我有很多毛病，我哪里做得不好，你说啊，你都告诉我，我会改的，你不要生气了好不好？"每次阿能一听到这话，多大的怒气都瞬间烟消云散了。

结婚后，阿能和他老婆吵架，阿能又几天没说话。终于，他老婆扛不住了，对阿能说："阿能，如果我有什么不对的地方，你就告诉我好吗？别憋在心里。反正我也是不会改的，你这样把自己憋坏了怎么办？"

婚前，有一次，他们吵得很厉害，把屋子里能砸的东西，除了电视都砸了，一片狼藉。第二天，阿能下班回家，发现家里被收拾得干干净净，不能用的东西都换成了新的，当时就落泪了。

婚后，有一次，他们吵得很厉害，把屋子里能砸的东西，除了电视都砸了，一片狼藉。第二天，阿能下班回家，一开门又落泪了——家里干干净净，跟刚搬进来时一样，所有的东西，包括电视，都被他老婆搬走了。

婚前，阿能撞到了门上的玻璃，他女朋友会立刻跑过来，看着阿能的头，问："撞哪儿了？厉不厉害？可别把头撞破了。"

婚后，阿能撞到了门上的玻璃，他老婆也会立刻跑过来，一边仔细地检查玻璃有没有多出一道细纹，一边问："撞哪儿了？厉不厉害？可别把玻璃撞破了。"

说这么多，你可别以为变的只有阿能的老婆，在婚姻中得到成长的，还有阿能。

一天，阿能的老婆抱怨说："咱俩谈恋爱那会儿，你每天接我下班，带我到处玩儿，晚上在电话里哄我睡觉，每天甜言蜜语，我听烦了你都说不烦。现在再看看你，连句话都懒得跟我说，连看都不愿意多看我一眼。"

阿能一边打游戏一边说："老婆，你知道，我是搞销售的啊。以前是产品推销阶段，务必让顾客感觉到我的周到热情，现在您已经购买了，再有事，也得去找售后服务了。"

阿能的老婆问他："亲爱的，结婚前，你不是对我说，只要我愿意，天上的月亮你都可以摘给我吗？现在我嫁给你了，我的月亮呢？"

阿能说："月亮都是晚上才出来，可晚上你不让我出去，我怎么给你摘啊？"

他老婆接着说："那先不说月亮。结婚前你说，我就是你的女神，现在呢，你就是这么对待女神的？"

阿能说："老婆大人，难道你忘了婚后我入党了吗？"

他老婆说："这和入党有什么关系啊？"

阿能解释说："你想啊，入党了，我就得是无神论者了。"

第二天，阿能的老婆把这件事讲给了他丈母娘听，他丈母娘听后说："孩子，不怕，就算他是无神论者，也迟早能被你扭过来。你们结婚了，相信他很快就能明白地狱是存在的了。"

# 亲爱的，我美吗

　　女人总爱问男人："亲爱的，我美吗？"如果你的她这样问你，你该怎么回答呢？仔细打量她，然后说实话？你一定疯了。仔细打量她，想一想，然后说你很美？你没疯，但你根本不懂女人。回答这个问题，稍许的迟疑和思考都是犯罪！你必须想也不想，条件反射一般地说出："亲爱的，你真是太美了，这个世界上没有人比你更美！"如果在这句关键的台词上犯错，那么你很有可能被退票。

　　有一阵子，我女朋友听说喝红酒能美容养颜，让肌肤保持活性，就在楼下便利超市买了好几瓶红酒，每天都喝，一直喝了两个月。

　　终于，她问我："哎，你觉得我皮肤变好了吗？是不是又回到了少女的感觉？"

　　我说："皮肤没看出来，智商倒是回到了少女时代，估计再喝两个月，就回到幼儿园时代了。"

　　然后，她就不理我了，所幸，她也不喝红酒了。

　　还有一次，她刚洗完澡，就黏在我身上，说："亲爱的，你看我有没有变苗条啊？人家为了减肥好几天没吃晚饭了。"

　　我抱了抱她说："嗯，比洗澡前是苗条了。"

　　结果我不想说了，总之很恐怖。

　　还好，她本来就比较瘦。于是我发现了找瘦女孩当女朋友的好处。一是她对别人说她胖不是很在意，因为知道是开玩笑；二是——呵呵——在意能怎么样呢？反正她这么细胳膊细腿也打不过我。如果你娶了个胖女人，或者你娶她之后她变成了胖女人，那你还是多留点儿神吧。

　　经理夫人就比较富态。

　　其实，据说经理夫人年轻的时候也是窈窕淑女一枚，不过自从生了孩子，就变胖了。

　　有一次，她一边看《康熙来了》，一边说："老公，你说小 S 刚生完孩子，身材就恢复得这么好，我是不是恢复得特别不好啊？"

　　经理说："谁说的，你恢复得挺好啊，现在恢复得跟怀孕八个月的时候差不多了。"

　　经理夫人脸上娇嗔的表情一扫而光："你说，我看上去是不是很胖啊？"

　　经理缩了缩脖子，说："我不敢说。"

　　经理夫人瞪圆了眼："说！恕你无罪。"

　　"家里的体重计就是因为'说实话'，都被你压成什么样了。我要是说了实话，非叫你给压扁了不可。"

　　经理夫人彻底被惹毛了："有话直说！"

　　经理咽了一口吐沫："这么说吧，结婚这么多年，我始终生活在你的阴影之下。"

　　经理夫人神色缓了缓："这是什么意思？难道我的外表给你造成压力了吗？"

　　经理："压力以前有，但早就解除了。我的意思是说，我只要和你一起出门，基本上都别想照着太阳，光都被你挡了。"

　　唉，经理可真是实在人啊。

　　这方面，还是阿发做得最好。

　　发哥女朋友问他："亲爱的，我美吗？"

　　阿发想也不想："美啊，美，美死了，这还用问？"

　　阿发女朋友接着问："那我性感吗？"

　　阿发毫不迟疑地说："当然。"

　　阿发女朋友还没完："那我聪明吗？"

　　阿发："聪明啊，你要是剃了头去日本，早没一休什么事了。"

　　他女朋友步步紧逼："那我贤惠吗？"

　　阿发此时充分体现了极高的军事素养和心理素质，继续眼也不眨地回答："太贤惠了，卓文君跟你都没法比。"

阿发女朋友："那你虚伪吗？"

阿发："必须的啊，我虚啊，太虚了，我……哎？"

天下的女人，无论民族、国家、肤色，关心的全是那么点儿事。同样的对话，在我和我女朋友之间也发生过，其问法惊人地相似。不过我的回答显然比阿发高明多了。

我女朋友："亲爱的，我美吗？"

我："美，太美了。"

我女朋友："那我聪明吗？"

我："聪明啊，这还用问？"

我女朋友："那我贤惠吗？"

我："你简直就是'贤惠'本人，阿发女朋友跟你都没法比。"

我女朋友："我这么好，怎么就跟了你了？"

我："因为，只有我能把你的缺点看成优点。"

女人不光喜欢问"我美吗？"还喜欢问"我和×××比，哪个更美？"要是她们只和邻居同事比也就算了，还非和女明星比，我真想知道，我夸你比安妮·海瑟薇漂亮，你自己信吗？

比如，阿能的女朋友就经常这样问："亲爱的，你觉得章子怡和范冰冰谁更美？"

阿能："范冰冰吧。"

他女朋友："为什么呢？"

阿能："她皮肤比较白。"

他女朋友："这么说你喜欢皮肤白的？我皮肤黑，你一定不喜欢了？"

第二次，阿能女朋友问："亲爱的，你觉得章子怡和范冰冰谁更美？"

阿能："章子怡。"

他女朋友："为什么呢？"

阿能："范冰冰皮肤太白了，我不喜欢，我就喜欢你这样的。"

他女朋友："章子怡好瘦啊，我这么胖。"

阿能："每天多运动运动不就瘦了。"

他女朋友："你的意思是，我该减肥了？我现在太胖了？"

第三次，阿能女朋友："亲爱的，你觉得章子怡和范冰冰谁更美？"

阿能："你！是你还是你！"

他女朋友害羞了："哎呀，讨厌，我是问她们两个谁更美。"

阿能："我的眼里只有你，除了你别人都差不多。"

所以，你明白了吗？当你的女朋友问你谁更美时，她一点儿都不想知道你的审美观，她的意思是："亲爱的，快来赞美我！"如果读不懂这层意思，后果不堪设想。

对于"我美吗"，我听过最甜蜜的回答莫过于我爷爷对我奶奶的回答。

我奶奶扭完秧歌回家，脸红扑扑的，一抖扇子，问我爷爷："老头子，你说我美吗？"

我爷爷："美，大美妞！"

我奶奶来了精神："那你怎么对我没以前好了？你以前总喜欢挨着我坐的。"

我爷爷："那我这就坐过去。"

我奶奶："你以前总是喜欢紧紧抱着我。"

我爷爷："那再抱一个。"

我奶奶："你以前还喜欢咬我的耳朵呢。"

哎哎哎，这怎么越说越为老不尊啊，我们小辈就在旁边呢。我正准备避一避，让他们说说"悄悄话"，只见我爷爷起身要走。

我奶奶问："死老头子，干吗去？"

我爷爷说了一句让人想掉眼泪的话："我这就去取假牙。"

# 相亲悲喜剧

不知道为什么，上中学的时候父母都担心早恋，跟异性同学多说两句话都会被立刻搂回家。不恋就不恋吧，大学毕业父母又开始着急，跟异性同事多说两句话，恨不能立刻把人家搂回自己家，还满口抱怨："这么大了都没个对象，上中学时候的本事哪儿去了？"

在这方面，建国的父母操心最多，面对这个怎么都不开窍的儿子，建国的爸爸叹了口气说："建国，你这么大了，也该找个老婆了。"

建国说："爸，你以为我不想啊，只是我还没想好我应该找谁的老婆。"

为了早日解决大龄单身男女青年这一社会问题，我们投入了浩浩荡荡的相亲大军中去。

这不，小慧最近就为这事忙活呢。

作为敏感多情的文学女青年，小慧对男朋友的要求真不是一般地高，上大学时单恋同系的长发纤瘦的艺术男，大学毕业以后再没遇到过能看上的。给小慧介绍对象可不容易，但拦不住大妈们如火的热情，一个一个地塞到小慧眼皮底下，就差给她办选妃真人秀了。怎奈小慧情路多舛，见了这么多，愣是没一个靠谱的。

有一次，小慧见一个轧钢厂的技术员，为了防止认错，约好小慧手里拿一本书。小慧坐在餐厅没等多久，一个穿衬衫、戴眼镜，皮肤白白的男士就微笑着走了过来。小慧抬眼一看，这个男孩斯文秀气，竟有些不好意思，忙把头低下了。他走到小慧跟前，有些激动地问她："没想到你也懂炼钢。"小慧一看手里的《钢铁是怎样炼成的》，白了他一眼，然后……就没有然后了。

有一次，小慧和男方还没见面，直接就把对方秒杀了。原因是小慧用座机问他手机号码，想存一下方便联系，对方答道："15215215288。"小慧不动声色，直接跟介绍人说取消约会，还问介绍人："王姐，您说您怎么给我介绍一结巴呀？"

还有一次，对方问小慧："小姐，请问你多大？"小慧胸一挺，说："34C。"回去之后对着我们一通抱怨："你说现在的人怎么都这么不矜持，上来就问我多大，我都没问他多大。"

小慧还讨厌男人要求老婆会做饭，她常噘着小嘴说："凭什么做饭就该是女人干呢？"一次相亲，男方问："小姐，你什么菜最拿手呢？"小慧说："我白开水烧得不错。"

虽然小慧很骄傲，真要碰见"特长生"，也可以降分录取。比如有次阿发给她介绍了一位"富二代"，据说他"富一代"的父亲开三千万的车。三千万是个什么概念，小慧还真想不出来。于是，也没问其他的，当即答应见面了。

见面后，小慧发现该富二代穿着、长相、气质都没有什么特别之处，完全就是路人一个。小慧想，真正的贵族家教严格，富而不显、华而不炫，这才是境界。要吃饭了，富二代提议去桂林米粉，说那里的煲仔饭很好吃，电扇风也很足。小慧想，这低调得是不是有点过分了？但还是答应了。坐在桂林米粉店里，小慧长裙委地，眼睑低垂，问他："听说，您父亲开三千万的车，我不懂车，但很感兴趣，能给我讲讲吗？"富二代笑笑说："对啊，没错，他开的是空调特快呢。"

结果可想而知。不过小慧不认为她是因为对方没钱才不同意的，她说了："既然没钱，干吗拿三千万做噱头啊？这可是人品问题。"

终于有一次，小慧的相亲成功了。那天小慧一进办公室，就坐到了苏西对面，小脸红彤彤、眼睛亮闪闪地看着她，说："苏西，你知道吗？相亲这么多次，我终于遇到有缘人了。"

苏西一听忙问："此话怎讲？"

小慧羞怯一笑，说："他就是我第一次相亲见的人。"

像小慧这样清高的女孩，也通过相亲找着了 Mr. Right，可见相亲的确有益身心健康。

我们公司有一个姑娘，她，怎么说呢，不太漂亮。其实女孩不一定要漂亮才可爱，很多女孩虽然相貌平平，可是机智幽默、善良大方，也是人见人爱，比很多自恃长得美，把别人都不放在眼里的女孩更受欢迎。比如这个姑娘，她乐观大方、热情奔放，所以她的人缘……反正我们都有点儿怕她。因为她实在太"热情"，让人无所适从，我们又不好意思说什么，只能见了躲着点儿了。

有一天，她也打扮得花枝招展地去相亲了。这倒是件新鲜事，回来以后，我们实在抵挡不住好奇心，主动上前打招呼，问她相亲的情况。这位豪爽的妹子竟然破天荒地害羞了，紧咬着嘴唇说："见面的时候，我鞋带开了，他立刻蹲下身给我系。"

"是吗？现在这样的绅士可不多呢。"

"他把我两只鞋的鞋带系在一起，然后跑掉了。"

就连我们，也感受到了来自世界的深深恶意。接受相亲，真是需要极强的心理承受力啊。

# 男人买不起房，女友一鸣惊人

对于奔着结婚去的情侣来说，买房是一件大事，怎奈北京房价居高不下，完全不是我们这种屌丝青年有资格问津的。不是有笑话这样说吗：如果您的年收入在五百万以上，二环以外爱买哪儿买哪儿；如果您的年收入在三百万到五百万之间，三环以外爱买哪儿买哪儿；如果您的年收入在一百万到三百万之间，四环以外爱买哪儿买哪儿；如果您的年收入在五十万到一百万之间，五环以外爱买哪儿买哪儿；如果您的年收入在十五万到五十万之间，六环以外您爱买哪儿买哪儿；如果您的年收入在三万以下……您爱埋哪儿埋哪儿。

不过我觉得这样说的人太悲观了，房价即使再贵，但只要努力，还是有可能住上自己的房子的。我仔细算过这样一笔账：现在的房价，其实也不算高，一平方米才相当于我五个月的工资，只要不吃不喝一百五十个月就能买一套三十平方米的房子啦，所以，只要稍稍忍耐一下，坚持十三年不吃不喝，我就能在帝都买上房子了。当然，三十平方米的房子有点小，我怎么忍心让我心爱的人住这么小的房子？起码要一百平方米才像话嘛。这样一来，只要坚持四十八又三分之二年不吃不喝，亲爱的，我们就能在北京住上一百平方米的大房子了！

虽说房子不能代表爱情，但是有多少爱情因为没有房子而消散？男人买不起房，女人怎么办？女神们总能给出神回复。

赵本山版：

十二级台风不是吹的，四川盆地不是推的，喜马拉雅山不是堆的，葫芦岛也不是勒的，我脸上两个小酒坑儿也不是锥的，北京的房子那都是金子堆的。买不上就买不上，凑活过呗还能分咋的。

周星驰版：

拉过手、拥过抱、接过吻之后，你就是我官方认证的男朋友了，暂时编入我的后宫。如果几年之后，你还买不起房，就算你是我的男朋友，也要身受九九八十一刀而死。

你以为你买不上房我就走了吗？没有用的！像你这样出色的男人，无论在什么地方，都像漆黑中的萤火虫一样，那样鲜明，那样出众。你那忧郁的眼神，稀稀的胡荏子，神乎其神的刀法，和那杯 Dry Martine，都深深地迷住了我。不过，虽然是这样出色，但是家有家规，无论怎样你要让我妈放心啊。

哭什么？不许说自己没用，就算是一条底裤，一张厕纸，都有它的用处。现在这份真诚的爱情放在你面前，你如果胆敢不珍惜，我会让你死得很惨！

琼瑶版：

当听到你说你买不起房，我就生气地晕了，愤怒地晕了，郁闷地晕了。其实，自从我们开始考虑结婚，我就一路晕。跟你回你的家里一看，我晕；看到你的存折，我晕；和你一起看一个个楼盘全买不起，我晕；你告诉我妈说你其实没钱，我还是晕；现在你让我等几年，我更晕。反正，我就是晕。

其实，也不过是房子而已。那个楼也没什么了不起，它从前面看是一座楼，它从后面看是一座楼，它从左面看是一座楼，它从右面看是一座楼，它从上面看是一座楼，它从下面看还是一座楼。你要再因为这个而软弱，你就是无情，你就是无耻，你就是无理取闹！

古龙版：

这个世界上，还有什么事比死更真实？这个世界上，还有什么事比死更有魅力？

有，那就是房子。

一个人若要买上房，就得要吃苦，要流汗，可是等他买到房，无论吃多少苦，无论流多少汗，都是值得的。

一个人活着是为了什么呢？难道只不过是为了住在租的小破屋里？一个人生命中一定要有一套拥有产权的房子，这个人的生命才有意义。

你无视成败，蔑视死亡，更看不起世上的虚名，可你不能放弃自己心底深处对房子的情感。你有无畏的勇气，面对一切，他有锋利的长剑，纵横天下，可你要敢说不买房了，咱俩立刻就分手！

李逵版：

哥哥为何没钱买房，一直看售楼小姐那厮的白眼，让人好生气闷。哥哥若是再买不起，看俺的板斧不剁了你这鸟人！

追女生可不是一件容易事，有时候，她们愿意和你在一起，主动关心你，和你独处时会害羞，你会感觉到，她心里是喜欢你的，可当你提出希望她成为你的女朋友时，她又往往犹豫、推脱、拒绝，让你怀疑，这么长时间以来，难道都是你自己在自作多情？大概因为女孩多少都有那么点儿天生的害羞和缺乏安全感吧，她们都十分擅长掩盖自己的心思，让你怎么都猜不透。

有人在网上发帖，问男女朋友的关系到底是怎么确定的。看到网友的回帖，有的温馨，有的甜蜜，也有的很……神奇。

回帖一

我每天给她发短信，送她上下班，叫她老婆。

"老婆快下楼，我来接你了。"

"滚，谁是你老婆！"

"老婆今天累不累？"

"都说了不要再叫老婆！"

"老婆，今天嗓子疼好点儿了吗？"

"再说一遍：不！许！叫！我！老！婆！"

"老……"

她跳下我的车子，不说话。我陪着她站了五分钟，她生气地看着我，眼里全是怒火。

"老婆我错了，我们今天吃什么？"

她没绷住，笑了，从此成了我老婆。

回帖二

上高中时我数学特烂，他是数学课代表。我讨厌数学老师，不听课，在课上画画。

他一把夺过我的笔："好好听课！"

就是课代表也不能这样啊，太没礼貌了，我回了他一句："多管闲事！"

他说："你不听课我就要管。"

我说："跟你有关系吗？"

他说："你就是和我有关系，你数学这么差，将来怎么跟我上同一所大学啊？"

我听了心里酥酥麻麻的，然后我们就在一起了。

回帖三

我是那种特别害羞的工科男，平时没怎么跟女生说过话。当时每天晚上去图书馆上自习，她都在窗边的位置看书。

我想跟她说句话，但不知道说什么，有一天，终于下定决心，抱定必死的决心走到她身边，说："同学，我今天没带钱，你能借我十块钱吃面吗？这是我的学生证，这是我的手机号，我会把钱还你的。"

她属于那种没什么心眼儿的小白，想也没想就借给我了。

我拿过钱对她说："你能多借我十块吗？我也请你吃一碗。"

她明白我的意思了。后来就成了我女朋友。

回帖四

我们是初中同学，他是我们班班长。上学的时候，我们没说过几句话。毕业以后，有一次同学聚会上，我们喝了很多酒，让班长讲几句话，他东拉西扯了一大通后，突然拉住了我的手，大声问我愿不愿意做他女朋友。他拉得特别紧，我的手都没有血色了，我只好稀里糊涂地答应了。

后来我问他，我们当时并不熟，他是怎么喜欢上我的。他说本来是想拉别人的，太紧张拉错了，不过这样也挺好的。

……

回帖五

他："我可以拉你的手吗？"

我："不可以。"

他："对不起，我刚才问你什么？"

我："我可以拉你的手吗？"

他把手递给我："可以。"

回帖六

对她死缠烂打了很长时间，那天又问她："愿意做我女朋友吗？"

她说："不行。"

我们沉默了两分钟，谁也没说话。我又问："愿意做我女朋友吗？"

她还是说不行。

我说："我追了你这么久，被你拒绝了无数次，我知道没希望了，可我很不甘心，你能不能也让我拒绝你一次，这样我心里好过些。"

她无奈，只好像哄孩子一样问我："愿意做我男朋友吗？"

"愿意！"

然后，她就赖不掉了。

回帖七

我们一起吃过饭，他送我回家。我到家后收到他短信："傻丫头，做我女朋友吧，快答应！"

我愣住了，不敢回他短信。

一分钟不到，他的短信又来了："快答应！不然我揍死你！"

于是我答应了。

回帖八

"做我女朋友吧！"

"休想！"

"你要不答应，我就从这儿跳下去！"

"你跳啊你跳啊，这里可是三楼。"

啪！

然后她就变成我女朋友了。成为我女朋友的第一件事，就是在医院照顾了我一个月。

回帖九

全班同学去爬山，她属于那种很感性，很喜欢浪漫的女孩，平常会读诗。

爬到山顶，她兴奋极了，对着脚下挥舞着帽子大喊："大地！母亲！"

我站起来，也挥舞着帽子，大喊："大地啊！丈母娘！"

后来在全班同学的怂恿威逼之下，她只好从了我了。

回帖十

我在他家打游戏，我打得很投入，不知不觉就站起来了。

他说："站着累不累啊，坐下打！"

然后，我就被拉到了他的腿上。

回帖十一

那年冬天，他约我去游乐场玩，我感冒，但还是答应了。

我们两个坐摩天轮，上面很冷，我一个劲儿地吸鼻涕。

他笑话我，我不理他。他突然说："把你的感冒传染给我吧。"然后就吻上来了。

我完全傻掉，血完全供不到大脑，在他怀里一动不动。

下来后，他一直牵着我的手不放。

回帖十二

他给我打电话，我当时重感冒，鼻音很重。

他："怎么了？感冒了吗？"

我："嗯。"

他："多喝点儿热水。"

我："懒得烧，一直买瓶装水。"

他："吃点儿感冒药。"

我："不想出去买，外面好冷啊，就这样，一周就好了。"

他："一个女孩子自己在外面，这么不会照顾自己。"

我："呵呵。"

他："唉，你实在太笨了，看来得我来了。"

我："……什么意思？"

他："开门。"

我打开门，他拿着感冒药站在门口，进来以后就给我烧开水，还骂我笨，一切无比自然，好像是在他家。我脑子昏昏沉沉的，不知怎么就成了他女朋友。

回帖十三

提供一个失败的案例吧。

我和一个学长同时向学妹表白了，此学妹心高气傲，对我们两个都不屑一顾。

她把我们两个叫到一处，说："我喜欢有阅历的男生，你们两个谁先环游完整个世界，谁再来找我吧。"

我知道，她是在拒绝，可我要让自己变得更优秀，让她无法拒绝。于是我打点行装出发了。

两年后，我从非洲回来，直接找到她。发现她和学长已经在一起了。她说："你转身走后，他在我身边绕了一圈，说，'You are my world.'于是，我就接受他的表白了。"

糗事一箩筐

## 第五章

# 夫妻搞笑录

# 老婆可怕的考验

不知是不是因为生活太平淡，女人们总是喜欢考验男人对她的爱，从为难男人这件事上寻找乐趣和刺激。如果结果令她们不满，她们会在男人的道歉和乞求中，勉为其难地答应再给他一次接受考验的机会；如果结果令她们满意——事实上这不太可能——她们便会绞尽脑汁地筹划着下一次考验。真是搞不懂她们，为什么我们天天接她们下班，挣了钱愿意给她们花，费尽心思想纪念日给她们什么惊喜，在她们生病时悉心照顾，所有这一切都不足以让她们感受到我们的爱，而偏偏要通过种种刁钻古怪的"爱的考验"来寻找被爱的感觉呢？

阿能时常怀疑她老婆是不是孙悟空变的，因为她简直有一双火眼金睛。要把她放在美国，绝对可以成为一名出色的 FBI 特工。她没能进入国家安全部门效力，简直是我国的重大损失。只可惜，她把全部精力都放在了阿能身上，其实，阿能的反侦察技术已经达到了我辈不可企及的高度，怎奈魔高一尺，道高一丈，再狡猾的猎手也斗不过好狐狸。其实，这不能全怪阿能，也怪我们这群"猪一样的战友"不给力，阿能好不容易编一个天衣无缝的谎，他老婆找我们一问，就全拆穿了。

一天晚上，阿能回去晚了，她老婆问："干什么去了？老实交代！"

阿能说："陪客户了啊，不是和你汇报过吗？"

她老婆瞥了他一眼："还不说实话，是要逼我动大刑吗？"

阿能说："大人啊，草民说的句句属实，不信你可以问我同事啊。"

"得了吧，你那群狐朋狗友肯定都替你打掩护。"

阿能大声叫屈："冤枉啊大人，草民只结交忠义之士。"

他老婆乐了："好，我就当这次是对你的考验，如果通过了，今后你说什么我都相信你；如果通不过，今天晚上跪蚂蚁，不许跪跑了，不许跪死了，否则加跪一晚！"

阿能一听，又是"跪蚂蚁"，肝都颤了三颤，不过话已经说了，只好硬着头皮接受"考验"了。

叮……叮……阿能老婆打通了第一个电话。

"喂，是阿发吧，阿能现在还没回家啊，你知道他去哪儿了吗？"

什么情况？不是应该问"阿能今晚是不是在跟客户喝酒"吗？果然是太低估这位"灭绝师太"了，阿能只得暗暗叫苦。

"啊，嫂子啊，能哥现在在我家啊，刚喝了点儿酒，现在睡着啦。要不我把他叫醒跟你说几句？能哥，哎，快醒醒……"

"不用了阿发，我知道他在你那儿就放心了，你可替我好好照顾他啊。"

阿能老婆说着就把电话挂了，脸上都重了一色。

"哎呀老婆，你听我说啊，阿发这个人你知道，着三不着两的，他自己不像话以为别人都这样呢。"

"那你说，你的朋友里，有哪个不这样啊，我打给他。"

"你……说呢？"

"哼！"

说着她又拨通了我的电话。

"小张啊，阿能现在还没回来，他说在公司加班呢，是吗？"

"是啊，嫂子，就在我旁边坐着呢，哦不对，他上厕所去了还没回来，要我去厕所找他吗？"

"不用了，我就是问问，那你们辛苦了，可别回去太晚。"

阿能老婆放下电话盯着阿能："这就是你的好兄弟啊，平时不知道瞒了我多少呢。"

阿能咧嘴叫苦："我可是太冤枉了，他们没谱，能怪我吗？要不，你问建国。"

阿能老婆："哼，少来！让我问建国，谁不知道他傻呀！"

说着自己倒乐了。阿能一看立刻就坡下驴："亲爱的老婆大人，你说你这么问，他们能说实话吗？不说不还是怕你担心吗？你自己想想，你都撒谎了，还能怪人家骗你吗？"

阿能老婆语气也软了下来："其实，我知道你们这是讲义气，可我不是不放心嘛。算了，这次不计较，下不为例啊。"

就在这时，一个电话打了进去。

"喂，阿能你小子哪儿去了，嫂子找你都找疯了，我骗她说你在我们家……"

"阿发呀，没事，其实我……"

"哼，不用解释，说，是不是又去见你那个女同学小红了？那天她去公司找你我就看出来了，瞧你们说说笑笑的，肯定关系不正常。"

好吧，我必须承认，考验也同样发生在我身上过。

有一天，我和女朋友去看电影，她不知道突然从哪儿冒出一个念头，对我说："亲爱的，你看见前面那个秃头了吗？"

我说："看到了，怎么了？"

她说："你爱我吗？"

我说："当然爱啊。"

她说："我不信，你必须通过我的考验，去拍拍他的头，否则就是不爱我。"

我真不明白这是一种怎样的逻辑。但和女人交流，通常不能太相信逻辑。

我知道如果我不照办，她今晚是不会消停的。无奈，我只好答应了，我悄悄靠近，对着他脑袋就是一下。

这位老兄噌地回过头来，盯着我，目露凶光。

我一看，还是先招了吧："嗨，老吴啊！哎哟，不是！不……不好意思认错人了。"

他看着我，一副吃了苍蝇的样子，但没说话，继续看电影。

我心想，这下总算证明了我的爱了吧。没想到，我女朋友还不罢休："你要是真爱我，就再来一下。"

姐姐你是没看够吧！这不是要我呢吗？

我想不理她，但她一会儿咬我，一会儿摘我眼镜。没办法，再来一遍吧。

120

一回生，二回熟，我如法炮制，又是一下。

"哎哟老吴，你终于来了，还以为你赶不上了呢。啊？又错了，还是您啊，不好意思，您和我朋友长得太像了！"

他死瞪了我一眼，没说什么。我松了一口气，转头看身边这位。没想到这位姐姐还真是看上瘾了，说："哎呀太好玩了，再来一遍好吗？你要是不干，就是不爱我！"

你这可是太过分了，我一个男子汉大丈夫，说干就干还等什么？而且我也渐渐上手，手法愈发纯熟，赶紧再巩固巩固吧。

于是，啪！声音清脆响亮，连第一排都有人回头看了。

这位老哥看来是真怒了，站起来就撸袖子了，我一看，赶紧认错吧，我是这样承认错误的："老吴你可来了，你不知道，刚才有个人跟你长得太像了，我认错了两次！"

# 用温柔的手段修理老公

很多女人以为男人最怕悍妇，其实不然。俗话说："百炼钢成绕指柔。"有时候，温柔才是最好的武器。不要以为我是男人，所以才这样骗你们。NO！我是在以我这么多年来革命斗争的惨痛经验传道授业。女性同胞们，姐姐妹妹们，如果你的男人不听你的，那么用这些方法吧，相信一定会把他们整得很惨的。

第一，男人偷偷给别的女人发暧昧短信怎么办？

拿着手机去质问他吗？当然不行，他可以说，只是开开玩笑，或者承认，但承诺以后不会了。之后呢？他们真的不联系了吗？怎么可能。他们只是换一种更为隐秘的方式，使这种暧昧的互动完全处于你视野的盲区中。

聪明女人应该怎么做呢？在男人面前不动声色。然后偷偷用他的手机给那个女人发变态短信，然后，恭喜你，你的男人在那个女人眼中彻底成为一个不正常的人了。至于这种暧昧关系嘛……请问你会和一个心理变态的男人玩暧昧吗？

发完短信后，一定记得把你发的内容删除。如果没有删除呢？也无所谓，正好借此给他一个警示，他只能是"哑巴吃黄连——有苦说不出"。

第二，你的男人沉迷于网络游戏不理你怎么办？

如果情节不是很严重，建议你不要轻举妄动。谁都需要放松，你们女人不也会约自己的姐妹淘逛逛街、吃吃美食、说说老公坏话吗？

如果他已经打得昏天黑地、飞沙走石、不知有汉、无论魏晋了，那么，是你该采取行动的时候了。给他端上一杯茶和一盘小点心，温柔地抚摸他的头发，微笑着走开，在他情绪最亢奋的时候，把电闸拉掉，然后去问他："亲爱的，怎么突然停电了？我好害怕。"这时候，他会抓狂、会骂娘，甚至会摔碎你端去的茶和点心；而你，只需要轻轻一笑。

第三，他夜不归宿怎么办？

男人的生活，永远不可能只有家庭，他有更重要的事业要忙。因此，他越是夜不归宿，你越该明白他的辛苦，然后默默地做好后方支持。这时候，你当然要承担起全部家务——你应该把他全部的衣服，包括内衣、袜子和他明天要穿的衣服全都洗好。在他质问你为什么害他没有衣服穿时，你只需要用无辜的眼神望着他，然后说："亲爱的，你都好几天没回家了，我以为你还有好久都不会回来，所以把你的衣服都洗了。"

第四，你的男人突然变得爱打扮，照镜子时间比便秘时间都长，你该怎么办？

爱美是人的天性，认为只有女人才能打扮自己的观念早就过时了。他爱打扮，有什么不好？可以吸引更多女孩的关注啊，这样你的生活便再也不会空虚寂寞了。

他越来越爱美，是积极向上的表现，你们女人不是都喜欢有上进心的男人吗？你非但不应该打压他，还应该支持他，陪他一起去逛街，买最贵的衣服、鞋子、手表以及各种细节配饰给他，为了配得起他，你要给自己更贵的，然后刷爆他的信用卡。

第五，老公手不离烟，你该怎么办？

抽烟，是他阳刚之气的体现，你不也喜欢有男人味的男人吗？他要抽烟，就让他抽吧。你所需要做的，就是拿过烟盒，对着他念："抽烟有害健康，香烟燃烧时释放三十八种有毒化学物质，易造成肺部疾病、心血管疾病、癌症……"

第六，他乱花钱怎么办？

帮他一起花！把他信用卡上的钱，主动转到你的账上，再把他身上的钱都搜走，这样，消费这一光荣而艰巨的任务，就正式转移到你身上了。至于有了钱买什么，当然是给自己和爸妈买了。给他买？当然不行。既然要转移他的负担，当然要转移彻底了。

第七，他拒绝给你买鲜花、蛋糕、巧克力等一切他认为没有必要的礼物怎么办？

男人永远把"有没有用"当作衡量是否必要的依据，他从来都不明白，惊喜往往比有用更能带给我们幸福感和满足感。谁要那些数码相机啊？要知道我连怎么调焦距都不知道呢。

因此，当他们再以"没必要""不值得"等蠢理由拒绝给你买礼物时，我们所要做的就是乖乖地离开，一句话也不多说。

什么？难道我们不该继续要求吗？这样一来我们根本无法得到任何礼物啊。

我知道你会这么说的，别急。我们乖乖地离开，不再缠着他，为了让他能安静和放松，我们再也不会主动靠近他，也拒绝他的一切亲热行为和要求。这就是男女关系中的"非暴力，不合作"策略。哼，让那些臭男人也尝尝失望的滋味！

相信我，这七点的思想路线绝对是无比正确的。一定要坚定不移地贯彻这七点要求，坚持老婆对全家的领导地位，早日培养出言听计从的老公。

# 帅哥为什么要娶恐龙

为什么总是会有美女配野兽，帅哥娶恐龙？这从生物学的角度来看，是不利于物种进化的。不过也有好处——如果帅哥们不去娶恐龙，那么我们野兽又哪里有机会得到美女呢？

张公子出道江湖二十余载，一直以风流多情、辣手摧花的姿态战斗在泡妞第一线。真可谓是"万花丛中过，每朵掐一把"。

在张公子身边，永远不缺美女，可我们见他唯一想结婚的一次，却是和一个其貌不扬——好吧，其实不只是"不扬"——的女孩。

我们当时都挺纳闷，问他："咋了哥们儿，你不是一向宣称自己最会评判美女的？人家脚上长个鸡眼在你这儿都得被降级，这次这位哥儿几个还真看不明白了。"

张公子长叹一声："身边老是美女，看多了也累，而且美女往往毛病多，觉得全世界都欠她的，对她多好都不知足。长得像观音菩萨，一点儿慈悲的劲头儿都没有，谁一天到晚老有工夫哄着她们呀？虽说我是潘驴邓小闲，还就偏不伺候这瘦高白秀幼了。"

"不是，那您挑的这位究竟好在哪儿啊？"

"嘿嘿，好处可多了。"

说着，张公子就给我们总结了他娶恐龙的七大理由。

第一，安全。自从和恐龙在一起，妈妈再也不用担心我女朋友跑掉了。她的眼小，勾不住别人，腿短，够不到别人，身体胖，追不上别人，除非她发挥体积大的优势，把别人的去路堵死。而且，如果你找到的是一个极品恐龙的话，那么恭喜你，走夜路都不用担心被抢劫了。

第二，省钱。和美女在一起，她不是买这就是买那，不是逛街就是 SPA，浑身上下，从脚指甲到头发丝，没有一处不花钱的，还总是说："没办法，美丽总是要付出代价的。"不过是你美丽，我付出代价。现在好了，她浑身上下，没一处让我花钱的，送了她一瓶日本原装进口乳液，她问我："我昨天洗澡抹在身上怎么没起泡泡啊？"

第三，保证原装。这年头，女明星都是整过容的，"哪里不美整哪里"，一个个全是杏核眼、葱段鼻、锥子脸、细腰细腿大胸脯，乍一看，还真分不出谁是谁。女明星整容，那是没办法，人家靠这个吃饭啊。当然，如果整容能让你变得更加自信，那也没什么不好。问题是，有必要都整成一个人吗？个个都照着范冰冰整，也不看看她那一套系统在你这兼不兼容。而且，整完之后，这也不能碰，那也不能摸，就差放在故宫博物馆的玻璃后面拿灯照着了。而且，还真别说，去整容的都是有点儿姿色的，长相一般的从小就没动过这个心思。所以，干脆找个恐龙妹，保证百分百纯原装货，放心使用二十年。

第四，保值。如果你娶的美女不是小龙女的话，那么，二十岁的她与四十岁的她，很可能是有很大差别的。如果是恐龙嘛……当然不是说没有区别。只是，你英语四级考四百分和考二百分真的有区别吗？特别是我这种怜香惜玉的情种，更是承受不了美人迟暮、容颜凋零，倒不如陪恐龙妹一起慢慢变老。

第五，舒服。美女往往胸大无脑，而且从小被宠着长大，性格多少会骄傲任性。即使不任性，你难道忍心让她受委屈吗？恐龙妹就不同了。她们虽然其貌不扬，但性格温驯体贴，多半很能干，操持家务是一把好手，如果再有点儿才华，那就是恐龙中的霸王龙了。和恐龙妹在一起，才是跌入了真正的温柔乡。

第六，自由。这倒不是说美女一定控制欲强，只是，每个月的钱都给她买了名牌包，身无分文的你拿什么去享受自由？恐龙则不然，一般情况下，恐龙懂得珍惜你的爱，对你只会迁就，而不会大加干涉，而且，她不会要求你把钱全部上交，说不定还会拿自己的荷包去补贴你呢。

第七，放心。美女给你带来激情，也会给你带来苦闷。一旦你拥有了美女，你就拥有了无尽的烦恼。不知道什么时候，你头顶上会"绿云压城城欲摧"。然而，一旦拥有了恐龙，你将永远告别被戴绿帽子的恐惧心态。恐龙能为你带来前所未有的自信，有了她，你会相信自己的品位和承受力是这个世界上独一无二且无与伦比的。而且，即使有朝一日，你发现你竟然天理难容地有了一位竞争者，相信你也会感慨"黄金千两容易得，知音一个也难求"，并深深地感谢天，感谢地，感谢阳光大地赐予你精神上的孪生兄弟。

第八，面子。别以为只有娶了美女你才有面子。当你带着美女参加公司的年会，听听同事们"鲜花插在牛粪上"的感慨，再看看她和你的老板抛媚眼的情景，你就知道什么是面子了。也不要以为你的另一半丑，就不敢把她带出门。如果你的另一半相貌平平，那么你在哥们儿那里多少会受打击，可如果你的另一半是绝顶恐龙，那么他们对你，将只有膜拜——如同膜拜神龙斗士一般真诚而炽烈。他们知道，能把恐龙娶回家，这个男人简直就是菩萨心肠，在同事们的眼中，你就如同慷慨赴死的壮士，形象瞬间高大。如果你再对恐龙稍加体贴的话，那你简直就可以做偶像剧男主角了！

# 惧内男人趣事多

有一个笑话是这样讲的——

古代一官吏惧内，常被妻子打，有一次，其妻在打架时把他的官帽踩破了。此官在家不敢抱怨，可又实在生气，便向皇帝奏了一本，参其妻的"恶行"。皇帝看了奏折，批复道："爱卿须忍耐，皇后亦有此病，前日一言不合，将朕之冕摔在地下，璎珞俱断，珠玉皆碎。朕虽不忍视，亦不敢多出一言。与朕相较，卿之纱帽不过一布口袋耳。"

还有一个笑话——

说有个将军征战沙场多年，破敌无数，威名远播长城内外，可私下却很怕老婆。他的一个部下气不过，对他说："将军，您是当今英雄，盖世无双，怎能被一悍妇制住，传将出去岂不令人耻笑？不如我们如此这般，挫挫夫人的气焰。"

将军听罢，赞道："有理有理，就依你的计策。"

第二天，夫人正在房中梳妆，忽然小丫鬟进来说道："夫人快来看啊，将军大人今天把军队都带进府里了，浩浩荡荡，好不威严壮观。"

夫人闻言走出房外，指着马背上的将军喝问："你这是何意？"

将军立刻滚落马背，向夫人作揖，毕恭毕敬地回答道："请夫人阅兵。"

连皇帝和将军都惧内，天下的男人还有谁能逃过呢？

比如我们经理吧，虽然在我们面前颐指气使，在家里面对经理夫人，也立刻成了软柿子。

据说有一次公司开中层干部会议，老板想活跃一下气氛，于是说："这次坐座位，在家怕老婆的坐左边，不怕的坐右边。"于是，在场所有人都坐到了左边，只有我们经理一个坐在右边。老板见状问他："看来只有一个不怕老婆啊，说说你在家是如何树立威信的。"经理说："我老婆说了，人多的地方少去。"

上个月，经理请我们全部门的同事去他家吃饭。到了他家，他先招呼我们坐下，便立刻进到厨房和经理夫人一起做菜。

不一会儿，只听见厨房里经理夫人喊道："长没长眼睛啊，你都搁多少盐了？"

经理一看，当着这么多下级，老婆居然这么不留情面，急火攻心，怒道："谁没长眼啊？瞎嚷什么！"

经理一看她还不收敛，喊道："居然敢这么对我说话，家里谁是一家之主？"

经理夫人："当然是我啊！你想干什么？"

经理立刻软了下来："不干什么，就是随便问问……"

经理切菜，经理夫人又训话了："你这是切土豆丝吗？简直就是板凳腿啊，还不一般粗。"

经理拿起菜刀："就知道说我，有本事你切！"

经理夫人一声冷笑："呦呵，还拿上刀了，这是要干吗？"

只见经理把刀把往夫人手里一送："夫人，你宰了我吧！"

炒完一个菜，经理去客厅招呼我们。阿发故意问经理："经理大人，您对嫂子还挺尊重啊。"

经理脸红了，说："你们别以为我家天天这样，其实她对我挺顺从的，平时见了我就跟见了老虎似的。"

经理夫人正好也进来了，一听这话，叉起腰问道："你是老虎，那我是什么呀？"

经理吓得手都抖了，哆哆嗦嗦地说："你，你当然是武松了。"

众人大笑，经理夫人原本想树立温柔贤淑的家庭妇女形象，这下悍妇本色显露，有点儿不悦，手执菜刀对经理说："你快给我进厨房来。"

经理当时声音都发抖了，说："我，我不进去。"

经理夫人河东一声吼："进不进来？"

经理不光声音抖，腿也抖："不是刚说了吗？"

经理夫人河东再声吼："有本事再说一遍！"

经理全身发抖，眼看就要中风了。然而，有句话说得好：真正的勇者不是毫无畏惧，而是明明心存畏惧依旧一往无前。经理拿出英雄本色，义正词严地宣布："不进去不进去，男子汉大丈夫说不进去就不进去！"

阿能怕经理下不来台，只好拿自己开涮："哎，其实我老婆比嫂子还厉害呢，管我管得我大气都不敢出。有一天，她放了一个屁，正好我也放了一个，她立刻急了，说我，'好啊你，还敢顶嘴！'为这我赔了半天的不是。不光这样，她一不开心，就让我喝她的洗脚水，我实在喝不下去，求她给放点儿冰糖，她答应了，我还得'谢主隆恩'，别提多惨了。"

经理一听，原地满血复活，拍着桌子大叫："岂有此理！把我们老爷们儿都欺负成什么样了？阿能，不是我说你，你也太懦弱了，这简直是当男人的耻辱啊，要是我，我决不……"

话还没说完，只见经理夫人眼中一道寒光扫过："你决不什么啊？"

经理斩钉截铁地说："我决不放糖！"

一会儿经理夫人走了，我们为了挽回经理的面子，赶紧拍马屁说："经理您真是好脾气啊，平时跟嫂子肯定不吵架。"

经理脖子一梗："吵，怎么不吵，两口子过日子哪有不吵架的？"

我只好接着说："那您肯定都让着她，一般都是嫂子吵赢吧？"

经理见好不收，还接着吹："谁说的，从来都是我说最后一句。"

"是吗？"

"当然了，每次吵完都是我道歉。"

不一会儿，菜都摆上了桌，酒桌上推杯换盏，喝得倒也痛快。吃完饭，我们就告辞了，经理夫人去送我们，经理却坐着不动，还是一杯接着一杯地自己灌酒。

经理夫人问："你不是不爱喝酒吗？怎么他们都走了，你还喝啊？"

经理说："我……我今天不听话，估计你一会儿肯定得收拾我……我自己……先喝点儿酒壮壮胆儿……"

# 男人写给老婆的总结

尊敬的老婆大人：

过去的一年，我们全家在您的领导下，在双方父母的热切关怀下，在大小舅子的热情帮助下，在大小姨子的严格督促下，踏实奋进、开拓进取、不折腾、不闹腾、不扑腾，各项工作均取得了显著的成绩，开辟了新局面，书写了新篇章。

据初步统计，自今年年初至年尾，我们家存款数量大幅度提升。今年年中，已还完全部房贷，并收回了全部债务，财政赤字明显缩减。现本人具体总结今年一年的工作情况如下，请您过目。

第一，以"一切消费以老婆为中心，基本不为自己花钱，基本不给自己花钱的机会"为指导思想，把挣的钱用在该花的地方（老婆说哪儿该花钱哪儿就该花钱）。

今年年初，在老婆大人的关怀和督促之下，我终于在公司获得了升职。工资与去年同期相比上涨 10%，且各方面补助有了明显提升。同时，由于老婆大人锐意进取，通过跳槽的方式增加了 15% 的收入，使我们家的经济状况有了极大的改善，还清了房贷。在开源的同时，我们还努力做好节流工作。我严格遵守了家庭财政纪律，工资、奖金全数上缴。在过去的一年中，我隐瞒收入、截留挪用、私设小金库等恶习在老婆大人的大力纠正下，得到了突破性改善。自年初小金库被查封，我的经济犯罪行为受到了家庭法院的审判后，我痛定思痛，彻底告别了私房钱，并被社会各界交口称赞为"妻管严"。老婆大人总揽家庭财政大权，使得家庭收入管理规范，各项资金专款专用。

过去的一年中，在全国经济已渐渐走出金融危机而逐渐复苏的情况下，我

**131**

仍然坚持执行了"不抽烟、不喝酒、不打牌"的指示，除同事请客外，基本不去饭店用餐，坚持连续八个月没买过包括袜子在内的任何衣物。在老婆的悉心教育下，我也从过去对单反的狂热中迷途知返，对"摄影穷三代，赌博毁一生"的历史教训有了深刻的理解和痛彻心扉的领悟。现在，我感觉自己即使出身现代商业社会，依然可以离开货币而生活。我相信，如果老婆大人需要，即使一个月不吃不喝，我也是可以做到的。

在这一年中，我在经济方面最大的支出就是购入新款智能手机一部。这主要要感谢老婆对我工作的大力支持。我也将以更大的热情回报老婆大人。自从有了新手机，我与老婆的交流更加畅通无碍，我每月的话费也直线上升，从而使得我私藏小金库的可能性几乎为零。

第二，坚持加强与老婆大人的双边交流，在各个方面加强与丈母娘家族的合作。

平常，我坚持每天至少给家里打两个电话，在单位与老婆大人视频通话一小时。如与同事应酬，须提前报备，不得有误。不仅如此，在出差时，每天要保证三次汇报，每次汇报不得少于半小时，汇报内容涉及当天的工作内容、财务支出、交往人员、作息安排、明日计划、想念老婆孩子的频率和持续时间等内容。

与此同时，要坚持关注下一代的成长。每天保证与儿子交流一小时以上，交谈内容以科学普及为主。在我们的共同努力下，儿子的科学知识已有了大幅度的增加，远远超出同龄儿童的平均水平。据我观察发现，我们的儿子对于三角函数有着异乎常人的热情与兴趣，现在刚满一岁的他，已经能在周围环境中找出各种三角形，并试图把它们放到嘴里。

在对老婆大人提出的各项理论的学习中，我深刻地意识到了微笑对于维持一个家庭的和谐与安定的重要作用。在你的指示下，我坚持只要与儿子谈话，一定面带微笑。同时，保证每天适时向你提供笑话。我在每天紧张忙碌的工作之余，坚持自修笑话，我相信，如果我下笔写一篇论文，分析中国当前互联网笑话作品的特点，一定会轰动整个学术界和知识界。

在我的努力下，你的狂躁症症状明显减轻，睡觉居然都能笑醒。我们的儿子更是心态健康、茁壮成长。已经可以使用狂笑、爆笑、微笑、苦笑、皮笑肉不笑等多种表情表达情感。而我，已经无法用正常的思维方式思考问题了。今后我的目标就是在讲笑话方面日益精进，每次不把你们笑得三阳开泰、四季平安、五福临门、六亲不认、七荤八素决不罢休。

第三，以"老婆、孩子"为中心，抓好"我爸我妈、岳父岳母"两个基本点，促进家庭安定团结。

去年一年，坚持了每周至少去丈母娘家干活一天的承诺。还促成了多次双方父母的交流互访。在会见中，我爸我妈表示："这小子不懂事，从小被宠惯了，在家里十指不沾阳春水，油瓶子倒了都不带扶一下的，不知道怎么照顾人，家里都辛苦妮妮了。"岳父岳母则表示："哪儿啊，孩子挺好的，每周都到我们家抢着干活，也不挑吃也不挑穿，妮妮跟了他算是享福了。"在交流磋商的过程中，我妈一个劲儿朝我翻白眼，事后表示，还需加深对我的了解。

经过我的积极斡旋，根本上扭转了婚前双方父母互不待见的状况，维护和发展了亲子关系、婆媳关系和翁婿关系。实现了双方父母由不同意这桩婚事，到认可并支持，再到认为我们两个简直是天作之合八辈子修来的福气，并不顾亲戚邻居的白眼到处秀幸福让所有认识的适婚男女青年均以我们为榜样的转变。这也充分说明了，任何妄图阻挡你我二人爱情的努力，都注定是徒劳了，不符合历史发展规律的，必将是失败的。

想过去，看今朝，我此起彼伏。我在此表态：在未来的岁月里，一定会让你和儿子过上好日子，实现我们的一个又一个五年规划，为实现我们家族的幸福繁荣而奋斗！

# 结婚三十年间的夫妻妙语

老一辈人中多婚姻典范，明年，我爸妈就结婚三十年了。三十年的婚姻不好熬，没点儿幽默感可是应付不下来的。我爸我妈正是凭借幽默的智慧和态度，把彼此的棱角磨平，把彼此的矛盾化解，把以前认为不可原谅的错误看淡。当然，在这三十年里，他们的幽默与智慧也让他们之间碰撞出了不少"佳句妙语"。

他们刚结婚的时候，单位还没有分房子，只能在单身宿舍专门安排了一个小屋让他们先住，床单被罩也是单位给准备的。

晚上他们睡下，我爸说："这辈子真短。"

我妈听了心里一惊，问他："怎么短了？"

我爸说："连脚面都盖不到，可冻死我了。"

我妈听了哈哈大笑，我爸丈二和尚摸不着头脑。

我妈嫁人之前，在娘家姥爷姥姥都宠她，因此不擅长做家务，嫁给我爸之后，才第一次下厨做饭。听我爸说，那天，她炒了一盘青菜，让我爸尝，我爸尝了一口，实在难以下咽，但还是强忍着吃了。

我妈满怀期待地问："怎么样怎么样？味道还行吗？"

我爸说："如果这是一盘菜的话，可能你的菜放少了。"

我妈脸当时就沉下来了，说："别绕弯子了，有话直说！"

我爸脖子一缩："盐放多了。"

吃完饭，我妈让我爸去刷锅，我爸不想去，可也没反驳，马马虎虎地刷了一下。

我妈晚上收拾屋子，看见我爸刷的锅，拿着质问他说："这就是你刷的锅啊，还沾着葱花呢，连马桶都比这个干净。"

我爸眨眨眼说："是吗？那你明天拿马桶做饭好了。"

于是，我机智的父亲获得了终身也不用刷锅的特权。

他们结婚第三年，我妈在一群同事的撺掇下，把一头黑亮的长发剪掉了。要知道，我爸当年就是因为这头长发才不可救药地迷上她的。她回家后，我爸见到她的短发吃了一惊，很不高兴地说："你要剪头发怎么也不和我商量一下？"

我妈哼了一声："你结婚后长了这么多肥肉，和我商量过吗？"

现在，每次我妈作了什么让我爸不满意的决定，我爸还是会抱怨："你怎么不和我商量一下呢？"

我妈总是理直气壮地回答："你头顶秃成这样，和我商量过吗？"

他们结婚第四年，我出生了，并立刻取代我爸，成为我妈关注的焦点。我爸说，我妈每天又要上班，又要照顾我，很是辛苦，但从不抱怨。有一天，我妈给我把过尿之后，亲着我的小脚丫说："宝宝，爸爸妈妈一把屎一把尿把你喂养大可真不容易，你将来一定要对爸爸妈妈好啊……"

我爸在一旁听了冒了一头冷汗："一把屎一把尿，我们家再怎么样，也不能拿这个喂孩子吧。还好意思要求孩子对爸爸妈妈好呢。"

有一段时间，我爸和我妈吵架了，我爸一气之下申请去援藏。就这样，他们两个要分开两年的时间。我妈气我爸一生气就扔下家自己走了，不肯原谅他，于是，直到我爸离开，他们都在怄气。

当时，打电话很难，他们两个只能靠写信保持联系。

有一天，我妈单位的大姐把我爸从西藏寄来的信递到了我妈手中，我妈看也不看就放在了旁边。

那位大姐很奇怪，问我妈："这么远寄信来，你怎么也不打开看看？"

我妈说："不用看也知道，一张白纸。"

大姐说："怎么可能呢？这么大老远寄张白纸，还不够邮票钱呢。"

我妈见她不信，便把信打开了，果然是一张白纸。

大姐纳闷了："这是什么意思？难道我们这里还没有白纸吗？"

我妈说："他走之前我们吵架还没和好，然后谁也不跟谁说话了。"

大姐扑哧就乐了，说："你们真是孩子气，他这么老远寄纸给你，证明他心里惦记着你，怕你担心，给你报平安，你可不该再耍小脾气了。"

我妈一听害羞了，主动给我爸写信道歉，两个人和好如初。两年之后，两口子终于重聚，从此再没有生过这么长时间的气。

我上小学的时候，问我爸："爸爸，你当初为什么要娶妈妈呀？"

我妈听了也在一边插话："是啊是啊，我没有小琴漂亮，没有秀芝会照顾人，又不像卫红是文艺骨干，你为什么就选我了？"说完一脸期待地看着我爸。

我爸说："虽说你当时没什么优点，但我不也没人要吗？所以只好咱俩在一起了。"

我妈听了这话很生气，非让我爸说出她的三条优点。我爸也不干了，说："你非让我说的，说了你又不爱听，我说实话有什么错啊？"

于是两人争执不下，最后用一种极具我家特色的方式解决了纠纷。

我妈说："我就是生气，你得让我消消气，这样，你就说你错了，然后我说你是对的，这件事就算过去了好吗？"

我爸说："我错了。"

我妈立刻说："你说得太对了！"说完哼着歌就去刷碗了。

现在，我们常会羡慕他们在一起的那种平淡却温馨的幸福感。他们每天晚上吃完饭都会一起牵手散步，在路上随便聊些家长里短。

有一天，他们正在小区里散步，不想前面有一泡狗屎。

我妈说："这是谁这么没公德心，让狗在路中间拉屎，还不清理干净？"

我爸眼珠一转说："你要给我一百块钱，我就敢舔一下，你信不信？"

我妈一听，立刻给了他一百块钱，我爸接过，迅速在钞票上舔了一下，然后塞进了兜里。我妈看着他，半天没说出话。

# N 个最不浪漫的事情

　　四岁时，还在上幼儿园的我喜欢上了同班的一个叫豆豆的扎羊角辫的女孩。她长得很可爱，小脸圆滚滚的，小手白白的，手背上有四个小窝儿，我小时候一直以为那才叫酒窝。有一次，她带了一瓶装在易拉罐里的饮料，但是当时年纪小，拉不开拉环，反而把拉环拉掉了，只开了一个小口。豆豆当时很着急，就要哭了。小朋友们都围成一圈，可是谁也弄不开。我当时灵机一动，把我喝水用的小杯子拿过去给她说："豆豆，把饮料从拉开的那个小口里倒出来，倒到我的杯子里就能喝了。"豆豆一听，刚才还愁云密布的小脸马上笑开了花，忙把我的杯子接过来，把饮料倒进去，刚好一杯。想起豆豆就要用我的杯子喝饮料了，可把我给美坏了，就凭这个，我们俩的关系也和其他小朋友不一样了吧。豆豆喝了一口饮料，对着我说："真好喝。"我还没来得及答话，她就转身喊了一声："刚刚，快来啊，饮料能喝了。"

　　于是，她和那个倒霉刚刚，你一口我一口地把一瓶饮料喝完了——还是用我的杯子！

　　十四岁，情窦初开的我喜欢上了邻班的女孩。其实，她看上去很普通，马尾辫，深色皮肤，戴一副金属边的眼镜，身材瘦瘦小小的，平时不太有人注意她，可在我心中，她很特别。在喜欢了她半年之后，我终于鼓起勇气，给她写了一封"情书"，但自己不好意思直接去找她，于是托我认识的她们班的哥们儿交给她。然后这封信就石沉大海了。我不甘心，以为是少女的害羞，于是又写了一封，还是没有回信。我天天写，连续写了二十封。后来……我哥们儿和这个女孩就好上了。

二十岁时，我和现在的女朋友恋爱了，像很多大学情侣一样，当时我们分隔两地，只能靠电话和网络谈情说爱。虽然相隔千里，我们的感情并没有变淡，相反，我觉得正因为如此，我对她更应该体贴照顾，让她不会孤单。有一天，我给她打电话，发现她停机了，作为男朋友，我觉得我发挥作用的时候到了，我绝对不会让你和我失去联系，哪怕一天，这就叫多情，这就叫浪漫！于是我赶快去营业厅给她充了一百元的话费，然后给她打过去，想看看充好没有。没想到她一接电话，特兴奋地对我说："哎，你知道吗？我电话昨天停机了，也不知道哪个傻子充错了，把一百块钱充到我的号了。哈哈哈，你说这叫什么事啊？"我的额头顿时浮出三道黑线……

工作后，我们都变得忙碌起来，渐渐忘记了浪漫。有一天，她问我："亲爱的，你还记得明天是什么日子吗？"我回答道："是我们老板丈母娘的生日。"

她整整两天都没理我——原来第二天是我们认识五周年的纪念日。

那天，我过生日，但因为工作没做完，因此加完班才回家。到家已经九点了，但所有的房间都关着灯。肯定是保险丝烧断了，于是我摸索着打开玄关的柜子找保险丝和螺丝刀。后来，身后传来了"Happy Birthday"的歌声，我女朋友托着一个点着蜡烛的蛋糕，微笑地走出来，那一刻，我正蹲在地下翻找螺丝刀。她看着我，脸上的笑容瞬间落寞。

那天，我和她站在阳台上，看着满目星光，我突然想起了我们大学时躺在运动场的草坪上一起看星星的日子，感觉自己很幸福，我把她搂入怀中，问："宝贝，看见这么多美丽的星星，你有没有想起什么？"

她说："有啊。"

真是心有灵犀一点通。我问她："想起什么了？"

她说："明天肯定是个大晴天，你不是轮休吗？别忘了把被褥拿出去晒晒啊。"

有一天，她说她要带我回家见父母。我既紧张又兴奋，专门买了一身新西装，借了一双名牌鞋，敷了一宿的面膜，早上还特地去花店订了一束黄菊。希望我的郑重其事能让她的家人感觉到我对她的珍视。中午，和女朋友去她家，一敲门，阿姨特别热情地开门，接过我的花说："哎哟太好了，明天老王头葬礼不用买花了。"

138

人们常说七年之痒，意思是男女相处久了，感情会变淡，矛盾会显现，当初爱得再深，也无法一辈子都深情款款。其实，那是他们不懂得男女相处需要一些小情趣，要时不时给对方一些小惊喜，只有这样，才能"常看常新"。我的女朋友是一个很浪漫的人，和她在一起，我的生活充满惊喜。有一次，她出差半个月，怕我寂寞（可不是为了查岗啊，对，不是），她每天晚上都给我打电话。一天，她在电话里说："亲爱的，我买了一件性感睡衣，你要不要看？"我觉得我顿时沸腾了，脑浆直咕嘟，赶快说："要，当然要了，迫不及待了。"她又问："那你是想看穿着，还是脱了？"我觉得我简直要蒸发了，马上说："当然是脱了。""那好，你等一下哈。"

挂了电话，我感觉浑身燥热，度秒如年，就这样大概过了十来年，她的彩信终于到了。我的手指都在颤抖，我喝了一大口凉水，深呼吸，打开彩信，看到一件睡衣搭在椅子背上。这就是你说的脱了的样子？有没有搞错！

其实，真正的浪漫不是海誓山盟，不是天崩地裂，而是实实在在的付出，在小事中感受幸福。行动，比语言更重要——虽然女人未必这样想。那年秋天，我和她去潭柘寺玩，逛了一天她有点儿累了。这个时候，我就要自觉了，要男人干吗？就是留着这时候用的，我当然舍不得让她腿酸脚疼了，于是毅然决然地把她背在了背上，就像抗洪前线的战士毅然决然地把一袋沙土背在了背上。走着走着，一个老奶奶颠着小脚，颤颤巍巍地过来了。我说："老奶奶，您要我帮忙吗？"她扁一扁嘴，乜了我一眼："小伙子，看你戴个眼镜斯斯文文，也像个上过学堂的人，怎么这么迷信啊？老婆病了得看医生啊，拜佛管什么用？"

我女朋友一听，知道是误会了，忙从我背上跳下来，想解释解释。没想到，老奶奶一看她下来了，大惊失色，说："呦！这就好啦！"赶紧对着佛堂作揖："哎哟佛爷哎，我老婆子刚才瞎说八道的您可别生气啊！我知道错了，给您赔不是了，您可千万别罚我啊！"

唉，您说我想浪漫一下怎么就这么难？

## 一封写给老婆大人的信

亲爱的老婆大人：

　　您好！

　　我们结婚已经半年了，昨天是你第一次和我发脾气。你让我跪气球反省，于是，在那个漫漫长夜，我在你如雷的鼾声中陷入了对人生、对自我深深的思考与忏悔。

　　在这半年共同的生活中，我们的了解进一步加深。我越来越发现你身上的优点：美丽大方、温柔可爱、敏感细腻、典雅精致、才情四溢、十全十美。同时，我也越来越意识到了自身的缺点和不足：自由散漫、懒惰邋遢、大手大脚、小肚鸡肠、榆木脑袋、一无是处。

　　对这半年，你所指控的我所犯下的罪行，我全部承认，没有什么可为自己辩护的。但我想，我如果不作解释的话，你一定又埋怨我是在敷衍你，认罪态度不诚恳，简直是用麻木不仁的态度自绝于人民。其实，不用我自绝于人民，人民早就把我给绝了。但为了争取宽大处理，我将十分坦诚地对我的罪行一一进行检讨。请组织批阅。

　　第一，我不该对你有二心。我必须承认，当你洗完澡，敷好面膜，穿上性感内衣在房间等我时，我当时心心念念的只有和建国之流一起打游戏。我知道，是我辜负了你的一片深情。但对你加在我身上的，把建国放了在比你还重要的位置的这一罪名，我想我仍需进行一些必要的解释。其实，也没什么可解释的。你看看他那个坐在咱们家沙发上抠鼻孔的样子，就应该明白他不是我的菜。我欣赏的是如你身上所具备的这种精致的美，而非建国这种不明来历的物种身上的粗糙。

如果不是他肯陪我玩游戏，我发誓，我根本不会多看他一眼。

第二，我不该举止粗俗。我承认，每天把"哇擦""你妹""妈蛋"这种污秽的词语挂在嘴边，的确是有辱斯文，这些词被你听到，都是对你耳朵的侮辱。然而，我必须声明，在你第五十三次批评我之后，我已经认识到了这件事的重要性。从那时起，我未在除论坛外的任何地方使用过此类词语。那天，你听见我对建国喊："去看你妹啊！"确实是因为他妹在和小流氓乱搞，我提醒建国阻止他妹胡来，并没有别的意思。而且，我也跟你说过很多次了，建国的确是有妹妹的，那群经常在小区里大喊大叫的中学生里，胡子最粗的那个，真的是他的妹妹。

第三，我不该麻木不仁，冷酷无情。那天你和我出去吃饭，我嫌你换衣服太慢，自己去泡泡面吃了，让你很尴尬。这件事完全是我的错。我应该明白，你之所以一件一件地换衣服，一直换了二十三套都不满意，是希望出现在我身边的身影是完美的。正如你所说的，那是你对我爱的体现，时间是不是太长，我都不该烦，饭店是不是已经打烊，根本就无关紧要。原谅我当时的愚蠢吧，或许是因为太饿了，我一饿智商就下降，这你是知道的，不然我当初怎么会在饿了三天后突然向你表白呢？

第四，我不该小心眼、乱猜忌。你和男同事一起吃饭，是为了交流业务；你和男同学泡吧，是为了沟通感情；你和男售货员聊两个小时，是为了少出五块钱好给我买包子吃；你和男网友见面，是为了调整心情以便更好地做我的老婆。这些我都不能理解的话，我简直不算是个男人。而且，我居然还用和女同事一起吃甜筒的方式气你，不但让你生气，还给女同事的家庭带来了困扰，我简直太不应该了。我应该自备金钟罩铁布衫，防止包括母狗在内的一切异性靠近，否则就是对老婆大人极大的不忠。

第五，我不该自私小气，不给你买那件两千块的名牌连衣裙。虽然那件衣服只有小号，而你需要穿中号，但在你已经表示愿意为这件衣服而减肥的情况下，我仍然拒绝了你的要求，这充分说明了我是多么自私和小气。我之所以没有买，是因为我知道你每天伏案工作颈椎不好，想攒钱给你买一个治疗仪。但这仍不能开脱我的罪行。作为一个有能力的男人，我应该挣足够多的钱，让老婆为如何打发这些多余的钱而发愁，而不是盘算着手里仅有的一点儿钱该怎么花。当然我知道，我说这些都是废话，我应该这样讲：老婆你不需要减肥，你已经很瘦了；老婆你不需要那件衣服，你穿什么都是最好看的；老婆你已经这样完美了，请给其他女人留条活路吧。我相信，如果我当时选择了这样的方式与你真诚坦率而客观地进行讨论的话，通情达理的你一定会接受我的建议的。

以上，就是我全部的反思与忏悔，还请老婆大人过目并进行批评指正。现在已经是凌晨三点了，我一边跪着气球写保证书，一边感恩上帝赐予我如此宽容大度、温柔贤惠的老婆。阿弥陀佛。

此致

敬礼！

老公顿首

# 什么是好老婆？我来告诉你

年轻漂亮、温柔贤惠、聪明大方、善解人意不过是苍白无力的形容词，你真的了解其真正的含义吗？要判断一个老婆是不是好老婆，不能单纯看她符不符合这些世俗的标志，而要看她为人处世的方式。下面，让我来告诉你，什么才是真正的好老婆。

首先，好老婆必须有爱心。

好老婆，首先得是好女孩；好女孩，首先得是好人；好人，首先必须有爱心。

就拿我自己的女朋友来举个例子吧。

我的女朋友，真的是个很有爱心的女孩子。她的爱心，主要体现在她爱护小动物上。

我们家里养了一只小狗，她业余大部分的时间，都花在了照顾狗狗上。每天下班先亲吻狗狗，每天按时遛两次，狗狗生病及时治，她准备狗狗的饭菜比准备我的饭菜都要精心。对了，她还给我们的狗狗起了一个无比可爱呆萌、彰显气质的名字，叫作"喵咪"——这得是读过多少书才能想出的好名字啊！

有天，我下班，她已经做好饭在等我了。我看了看我的碗里，原来是杂粮粥啊。这年头，流行吃粗粮，粗粮更天然，粗粮更健康。看我女朋友，就是懂养生，给我准备了这么健康的食物。

她把碗捧到我面前说："亲爱的你快吃啊，不然就凉了。"

我摸摸她的头，接过碗来，三下五除二就把粥一扫而光。

"怎么样？舒服吗？"她一脸期待地看着我。

这个味道，很熟悉可又想不起来具体是什么。难道这就是传说中"爱的味道"？这"爱的味道"真的有点奇怪，不过大概因为我很少能吃到这样天然的健康食品吧，难免有点不太适应。她肯定是知道这一点，所以只问我"舒不舒服"，没问我"好不好吃"。

"嗯，真舒服，五脏六腑好像熨过一遍似的。"

她长出一口气："哦，这我就放心了。"

瞧瞧我女朋友，是多么以我为重，为我准备一次晚餐，竟然紧张成这个样子。看着她在乎我的样子，我觉得她简直是天底下最可爱的女孩！

我正沉浸在幸福之中，她把那只呆狗叫来了："喵咪快来放心吃吧，这狗粮没坏。"

嗯？这是……什么情况？

她抬起头看看我说："哦，是这样的，今天下午我看喵咪有点儿拉稀，怕是狗粮坏了，看你刚才吃着没事，我就可以放心给喵咪吃了。亲爱的，你真好！"

除了有爱心，她还应当具有足够的智慧，以应对来自生活的种种考验。

我们开始交往后，我曾问过她："宝贝，你以前交过几个男朋友啊？"

别误会，我可不是那种小肚鸡肠的男生，我只是想了解一下她的感情经历罢了。

她眨眨眼说："加上我够一桌麻将了。"

哦，三个。我认识她的时候我们都不算小了，以她的条件，有过三个男朋友并不稀奇。

"那么，他们分别是做什么的呢？当然，你可以不告诉我。"

"哦，没关系，如果你想知道我就试着回忆回忆。他们里有五个医生，三个老师，七个警察，两个特工……"

"等等，不是说三个吗？这都多少了？"

"谁说三个了，我是说够凑成一副麻将牌了。"

瞧瞧，这就是智慧女人所具有的独特魅力！

除了爱心和智慧，她还必须懂得矜持。

现在很多女孩，有男生稍微注意她们一点儿，就开始四处宣扬，只要有人愿意约她，不管去什么地方她都答应。这样的女孩做你女朋友，你能放心吗？

一个女人，不能总是大大咧咧，懂得矜持，才能获得别人的尊重。我当初最欣赏她的，就是她身上恰到好处的矜持。

我刚开始追她的时候，希望能有机会跟她独处，没想到，她主动来约我了。

"今晚有流星雨，去后山上看好不好？"

天哪！女神约我了，我这是要逆袭吗？

我马上回答："好啊好啊！"

她微微一笑："那这么说定喽！对了，只有你一个人，不要告诉别人啊。"

天哪，女神要和我单独相处，我当然不会告诉别人了："好啊好啊！"我悲哀地发现，在重要的时刻，"好啊好啊"就是我能熟练使用的全部语言。

于是，在我们说好的那天晚上，我穿上厚外套去了后山。其实我不怕冷，之所以穿厚外套，是想到她可能会冷，然后我把外套脱下给她披上，然后她很自然地倒在我怀中，然后……

想想都要爆炸了。

一小时过去了，两小时过去了，她还是没有出现。后来，太阳就出现了。

第二天下山时碰到她了。

"嗨，昨晚的流星雨美吗？"她笑着问我。

"很美啊，只是……你怎么没来呢？是什么事耽误了吗？"

"没有啊，我本来也没打算要去。"

"什么？那你约我干什么？"

"我不是说了吗，只有你一个人，我当然不会去了。"

天哪，这是个多么矜持的女孩子啊，她怎么会随随便便跟男孩子过夜呢？看来我误会她了。于是，我对她的喜欢无以复加，在我的死缠烂打之下，我们在一起了，我拥有了这个世界上最好的女朋友，而且一定会成为这个世界上最好的老婆。

糗事一箩筐

# 办公室爆笑录

# 职场爆笑求职记

当年我毕业那会儿，求职那是相当难，一方面毕业的浪潮是无比汹涌，另一方面我自己的专业功底确实也是不咋地。整个大学，我就是一彻彻底底的宅男，突然就要出学校进社会找工作，这对于我来说还真是一个很大的挑战。我当时就决定，我的步入社会，就从下床开始。我兜里揣着五十块钱，先在学校门口租了一身小西服，再让我妈把高中时参加歌咏比赛的白衬衣从箱子底拽出来了，又从我姐那儿偷了点儿过期摩丝抹到头发上，咱这就算齐活了。看着镜中的自己，连我这眼光高的都不由赞叹："我要是老板，我准得录取我！"

第二天，我就亲自拿着简历直奔校园招聘了。刚一到地方，自信心立刻没了一半。这人乌泱乌泱的，全是一水儿的小西服白衬衣。置身于此，我方知晓自己的渺小与平凡，感情我在这拨人中——不过是沧海一尿。

我找了一队先排着。前面一美女和一胖哥们儿。

美女打扮得妖妖娆娆，蕾丝的衬衣裹着上半身，超短裙下露出一双直白的大腿。她小腰一拧，坐了下来。这一动，脸上直往下簌簌地掉白粉儿。

面试官：简历。

美女粉脸一扬，媚眼一抛，桃腮一嘟，樱唇一噘："我的脸就是简历。"

面试官看了她一眼，低下头："把你简历写上字再来。"

我扑哧一乐又有点儿紧张：看来面试官是个硬茬。接着就是胖哥们儿了。

面试官：姓名。

胖哥们儿：王二蛋。

面试官：性别。

胖哥们儿：不……不姓别，姓王，王二蛋。

面试官：王二蛋我问你性别。

胖哥们儿：真……真不姓别，姓王。

面试官：我没问你姓什么，问你性别。

胖哥们儿：如果你们有这个需求的话，我也可以问问我爸让不让改……

面试官：……

然后就是我了。

面试官：你是学计算机的，考考你，什么叫类？

我（我当时就呆了，要知道我大学都是睡过来的，看来就只能换一种搞笑的方式来回答问题了，于是我装糊涂地回答他）：我妈从小就说我像头牛，不知道什么叫累。

面试官：那你说说什么是包？

我：哦哦，我平时不带包。

面试官：知道什么是接口吗？

我：我只为成功找方法，不为失败找借口！

面试官：继承知道吗？

我：我努力工作，自己养活自己，不指望继承。

面试官：知道什么是对象吗？

我脸一红：这个知道。不过我准备先事业后家庭，暂时不打算找对象。

面试官很有礼貌地让我回去等通知了，他说有消息一定会在第一时间通知我。

我虽然没有回答正确，但是我也觉得我的幽默能够感染到这些面试官，于是我也非常轻松地走出了招聘会，我想也许那个公司是包容的。我回到宿舍发现室友们个个脸色发青，愁眉不展。

尤其是宿舍的超，他去面试当一所重点中学的语文老师，这个过程中他受到了很大的打击。一屋子有三个人，剩下俩都是师范的，只有他全凭着对文学的热爱进了面试。负责招聘的老教师说："那么考考你们的基本功吧，背一首杜牧的《山行》。"

没想到那俩专业的一听这话就傻眼了。我哥们儿心中窃喜：你说说你们这大学怎么上的，把小学知识都忘了，跟我们宿舍那个连什么是类和接口都不知道的傻子似的。于是他从凳子上"噌"地站了起来，踔厉风发地走到老教师面前，说："我会背！"老教师眯起眼睛看看他，和蔼地说："那么你背一下吧。"

"远上寒山石径斜，白云深处有人家。停车……停车……嗯，这个停车吧……找不着车位挺发愁……"

老教师看着他微微一笑："坐。"

"哎。"于是我哥们儿灰溜溜地退回座位上，夹着屁股坐下了。

这首诗没背出来，于是他失去了唯一表现的机会。

面试结束了，他一出门一拍脑门："停车坐爱枫林晚！他是想提醒我下个字是'坐'吧，不说清楚了我以为让我坐呢！"

"但他应该还是很喜欢我的对吧，虽然我不是这个专业的，没有过相关实践，而且诗也没背出来。"他问我们。

"嗯，他绝对最喜欢你！"

还有一个学渣哥们儿说，他去一个业内顶尖的互联网公司，本来特没自信，心里发憷，结果人家说对他很感兴趣。

他说："啊，我成绩不好，专业挂过科。"

面试官："哦，没关系，我们不看重专业。"

他："我还打过架让学校记过了。"

面试官："年轻人有朝气是好事。"

他："我英语也不好，没过四级。"

面试官："我们又不是招翻译。"

他一听，乐得嘴一咧到后脑勺，赶忙说："哎哟，那你们找的就是我，我简直太适合这份工作了。不过我能打听一下，你们到底招什么岗位吗？"

面试官："我们公司准备招两个文艺骨干，把公司文化搞一搞，你简历里说你的特长是美声？"

他心想，你特长才美声呢，特长栏不都是随便填一填的吗？居然有人会真的看这一栏！你未免也太天真了吧。于是他一脸不屑地对他说："哎，美声，对，美声，我声挺美的。您看得真仔细。"

面试官："那唱个音阶吧。"

此哥们儿润润嗓子运足气，搓圆了嘴唇："音——阶——"

就这样，一直到了大四下学期，我的工作还是没着落。有一天我去食堂打饭，正巧碰见了那位"不姓别"的胖哥们儿。我问他："怎么样，工作找着了吗？""找着了，找着了。"我顿时心理不平衡了——他这货都有人要了，凭什么我卖不出去？"哦，恭喜啊，一个月多少钱啊？有五险一金吗？管户口吗？公司是在市区吗？每年组织旅游几回啊？"他脸色沉下来："唉，不行啊，工资两千多点儿，别的想也别想。我这也是骑驴找马。""哦，"你不安好，我这儿就是晴天了，"听说违约得罚违约金吧？""可不，一般是三千，特别好的罚五千的都有。""哟，那您得罚多少啊？""一……一千。"这哥们儿咬着后槽牙说："就冲这违约金，我也得违！"

# 悲催的求职者

　　大学时，班里大神级学霸因为家里条件不太好，父母希望其早点工作，因此放弃了读研，也投入了找工作大军之中。

　　学霸虽然成绩门门九十分，可是人比较木讷，社会经验缺乏。他之前从没参加过任何实习，对如何找工作也知之甚少。饶是如此，好歹也看过那几个臭大街的求职励志故事，诸如见了面试官主动捡废纸、扫地、钉钉子什么的。我相信，如果故事里的求职者是帮公司抓流氓、通下水道，也一定会被他当作偶像膜拜的。

　　因为成绩好，年年拿奖学金，他很容易通过了几家大公司的简历筛选，可接下来的面试就是他的弱项了——不善言谈、表情呆滞，打扮又土，在 IT 民工里都算差劲的。但有励志故事打底，学霸帅帅地甩甩头，踏上了求职之路。

　　学霸先是参加了校园招聘。

　　他手捧精心制作的简历，再三踟蹰，终于鼓起勇气，把简历交到了一家心仪已久的公司的招聘人员手里。招聘人员露出八颗牙齿说："谢谢您，有消息我们会第一时间通知您的。"

　　学霸局促地笑笑，心里一下子轻松无比，原来找工作并不难，只要勇敢地迈出那一步……等等，他怎么拿起一摞简历，随手就把大半扔到了垃圾桶里？

　　学霸再次鼓起勇气，上前问道："请问，我的简历有哪里不合乎要求吗？为什么把它扔了？"

　　"不好意思，这是我们必需的筛选过程。"

　　"那么，你们筛选的标准是什么呢？"

"哦，是这样的，我们不录用运气不好的人。"

到了公司，发现等待面试的人早排起长龙，学霸在队尾站好，扶扶眼镜，开始默默练习台词和表情——就像他每次考试前那样认真。

"先生您好，该您面试了。"原来不知不觉他已从队尾排到了队头。

"哦。"

学霸跟着穿职业套装，脚踩三厘米高跟鞋的小姐进去了。小姐的高跟鞋噔噔噔，声音清脆悦耳，胯摆得恰到好处；学霸的新皮鞋嚓嚓嚓，双脚仿佛踩着棉花，怎么都使不上劲儿，胯……一着急哪里还找得着胯。

进去后看见一排面试官，眼镜们一水儿泛着蓝光。学霸挪到座位旁，一屁股坐偏了，也不敢动，好歹受力能平衡。

随后的面试，学霸好像并没太听懂对方问了什么，也不太知道自己是怎么答的，就记得主考官的门牙白得耀眼，让他险些睁不开眼。

最后主考官问："请问你有什么要问我们的吗？"

"哦，有，"学霸没话找话："您……您儿子管您叫什么？不对，我是说……您父亲今年礼拜几？"

一阵秋风吹过，吹得学霸有些坐不稳。完了完了，学霸心想，我小学成绩年年全县第一，上大学我得了四年奖学金，我爸爸一直跟人说，乡长才大专毕业，还是工作之后读的，我儿子大本！这下全完了。

"你可以走了，如果有消息我们会通知你的。"

学霸这时灵光一闪，想起来那些励志故事了。趁着还没坐起来，赶紧摸摸椅子，平得跟镜子似的，冒出头的钉子呢？谁给拔了？环视四个墙角，居然没有笤帚！没戏了，学霸沮丧地低下头来，却发现就在主考官那双办公桌下穿着高档皮鞋的脚边，有一张废纸！这哪里是废纸，这简直就是——上帝扔给他的废纸。他赶忙猫腰撅腚，钻到桌下把那张纸捡了起来，拿到眼前一看，上面写着一行小字："今晚八点我家没人，你来。"笔体童稚可爱，颇似他小学二年级的外甥女。主考官一看变了脸色，风驰电掣一般伸手夺过了"上帝的废纸"，疾言厉色地对他说："对不起，本公司的文件外人不方便看。"

"哦，不好意思。"学霸在众目睽睽之下蹑手蹑脚地走了出去，悄悄地掩上门。

"外人不方便看"，当然不是说等他成为本公司一员就方便了。学霸再涉世不深，也知道没戏了。

当然，学霸实力不容置疑，在专业上，他是遇神杀神，遇佛杀佛。于是，他很快又收到了另一家大型互联网公司的笔试通知，并一路过关斩将，直杀进终面。这次终面侧重专业知识，而且竞争者都是跟他差不多的书呆子，他表现还算不错。可是，终面一周后，他仍未收到任何回复。学霸坐立不安，在我们的鼓动之下，终于拨通了那家公司人力资源部的电话。

学霸：您好！请问是××公司吗？

HR：是的。请问您有什么需要。

学霸：我想问一下贵公司今年校园招聘的事。

HR：您需要先网申？

学生：我网申了。

HR：那您收到我们的笔试通知了吗？

学霸：收到了。

HR：那您通过笔试了吗？

学霸：通过了。

HR：请问通知您参加一面了吗？

学霸：我参加了。

HR：二面呢？

学霸：参加了。

HR：终面呢？

学霸：参加了。

HR：那么非常感谢您的关注，受金融危机的影响，今年我们的校园招聘计划取消，不招新员工了。

学霸：可是，负责招聘的老师说非常希望我加入啊！

HR：对不起，受金融危机的影响，这次招聘的负责人已经被辞退了。

学霸：……

眼看就要毕业，工作还没着落，学霸着了急，也不要求什么大公司了，不管什么企业，给钱就干。终于，他与一家本市的中型企业顺利签约，并约定八月份第一个周一到公司报到。

周一上午，学霸提前一个小时就到了公司。坐到工位上，和四周同事挨个儿打招呼，让人家多多关照。一向拘谨的他，突然变得热情似火、豪情万丈，或许他的人生就此改变。正当他两眼放光盯着电脑时，一封公司内部邮件跳了出来。啊，内部邮件！看来我真的成了企业白领一枚！他一边得意一边打开了邮件。工整的宋体字跃入眼帘：

"受经济危机影响，今年入职的新员工合同全部解除。请到财政部领取补偿金。"

于是，学霸上午上班，下午就被裁员了，工作时间为——半天。我们只好这样安慰他："没事，你也算是有工作经验了。"

# 十二生肖的求职信

当年在求职的时候实在是很抓狂，只得上网去搜索一些励志的求职例子聊以自慰。有时候，为了排遣内心的郁闷，就专找一些关于搞笑求职的小故事让自己放松，其中就有一篇关于十二生肖的求职信的小文章，我就搜集整理了下，想削弱一下内心的负能量。

鼠：本地户口，曾在铁路部门工作，工作兢兢业业、勤勤恳恳，每天加班直至深夜，休息日也从不休息，数十年如一日从单位偷铁，被抓后劳改两年。能适应熬夜加班工作。希望担任办公室鼠力文件粉碎机，或景区鼠力打孔机。

牛：吃苦耐劳身体好，努力付出索取少。吃的是草挤的是奶，不用扬鞭自奋蹄。但自知创新能力贫乏，动脑子的活儿不擅长。欲求国企职位，个体、私营、外资企业一律免谈。

虎：气场大、实力强，长期担任企业领导职务，在国内外同行业中有着不容小觑的号召力。曾开办虎虎生威肉制品加工公司，因被助理狐狸蒙蔽导致公司经营不善倒闭。CEO 以下职位不在考虑范围内。

兔：国家级运动健将，曾参加第二十七届阿司匹林动物运动会，并在短跑项目上夺冠，战胜猎豹、羚羊、鬣狗等实力强劲的对手。在第二十八届阿运会上因跟腱断裂，惜败乌龟，退出体育界。优点是嘴快腿勤，耳朵长消息灵通。缺点是看见别人比自己强爱眼红，不过这正好能激励自己。希望能担任体育品牌的销售员。

龙：从小就是优等生，智力拔群，曾获国际奥林匹克数学、物理、生物、化学比赛金奖。有一天在自家玩耍时被官二代哪吒所伤，致使终身残疾，从此不欲与官场有任何瓜葛。希望进入科研院所工作，一定心无旁骛、专注科研，决不汲汲于职称。

蛇：外形姣好，身材火辣，从小极富舞蹈天分。曾在电视剧《新白娘子传奇》中担任赵雅芝替身，并担任多年某著名时尚女包品牌形象代言人，曾开办"水蛇腰"大型连锁女子瘦身美体机构，并为自己代言。需求职位：请问有没有一个岗位叫明星的？或者演员、模特、主持人、歌手、秘书什么的，总之一切需要美女的行业都愿意尝试。

马：有大车B照，更有多年为领导、名流担任首席司机的经验，熟知国企高层内幕，以及各路女明星发家史。希望能进入反贪局工作。

羊：优点是性格温和、团队精神强，缺点是喜欢随大流，自我判断能力差。当年跟风炒股，在股市惨败而回。愿意担任中学老师一职，课本写啥我教啥，绝不多说半句话。

猴：性格外向，富有叛逆精神。大学时曾担任学生会主席。任职期间，代表学生向校领导反映上午四节课下午三节课实在受不了，并争取到了媒体的关注与支持，迫于压力，校领导同意改为上午三节课下午四节课。求危机公关相关职位。

鸡：因参加"非常好呻吟"杯歌唱比赛并夺得全国冠军而被称为"一代非鸡"，同年与其导师所创办的华艺把兄弟公司签约，因与同公司的艺员狗不和，被公司雪藏一年，被观众遗忘。希望能找到一家有正义感、专注音乐事业的公司，专心做自己喜欢的音乐。

狗：曾先后任小区保安、小区保安队长、小区物业保卫科科长。因所在物业公司倒闭致下岗，由此深感私营企业的不稳定。希望能成为公务员，求职意向为城管（临时工亦可）。

猪：曾担任某国家级贫困县县长，因乱扎腰带乱戴表被开除公职。虽离开了热爱的政府岗位，但在商界、政界仍有丰富的人脉关系。希望担任五百强企业的招商引资工作。

这十二生肖的求职信是不是很有趣呢？原来自己的属相当初找工作也是如此的滑稽，这一点倒是能给我带来很大的宽慰，不管怎样，起码内心舒坦了点。看着自己整理的小文章，我倒是轻松了不少，继续振奋精神打好求职这场战役。

# 物价上涨，上班族的节俭妙招

　　毕业后，我来到了北京工作，加入了北漂一族。没想到，在这里一穷二白的我，竟然还找到了一位傻姑娘愿意做我女朋友。于是我们俩开始了苦却幸福的北漂生活。

　　这几年，房价、物价一个劲儿地涨，唯一不涨的就是工资，我们俩当然要想想怎么能省钱了。好在，我们都是非常懂生活、并极具理财智慧的人，当然有能力做到节约但不吝啬，把小日子过得有滋有味。

　　节约但不吝啬，说起来容易，做起来难，不信您试试。首先，要区分什么叫节约，哪个又叫吝啬就是一门学问，好在我女朋友深明各种大义，她这样教导我："这还不容易区分？举个例子吧，你不给自己买衣服就叫节约，不给我买衣服就叫吝啬。"我作恍然大悟状，心中暗服：您还真是"毁人不倦"。

　　有了她，我的生活方式不仅更低碳环保，也更健康。比如，跟她在一起之后，我逐渐革除了抽烟的恶习。事情的经过是这样的。有一天，我正抽得来劲，她突然软软地钻进我的怀里，两节白藕似的胳膊环住我的腰，在我耳边轻叹一声，说："亲爱的，以后能不抽烟了吗？"我逗她："怎么，怕我抽坏身体？"她嘟起嘴："那当然了。而且，也能省点儿钱嘛。再说了，也不是一口都不让你抽，你看现在北京这空气，随便吸两口跟抽烟不是一样的嘛！"既然她如此全心全意地对待我，我当然不能辜负她的一片心了，而且她也不肯再给我买烟的钱了。好在公司有吸烟室，我每天累了就去里面呼吸几口新鲜空气。

　　她不光在我身上省钱，在自己身上也很注重节俭。比如有一次，她搬回家两台新的电磁炉，说是在商场买的新出的高科技产品，一个才一千块。我大跌

**158**

眼镜："什么电磁炉这么贵？居然还买两个。"她眨眨眼睛对我说："别急啊，贵是贵，可是有了它咱就可以省钱了，要把眼光放长远嘛。""怎么个省法？""售货员说，这种电磁炉比一般的省一半的电，我心想，那我买两个，这样咱就再也不用交电费啦！"我摸摸她的头，心想："唉，我会照顾你一辈子，不会把你送到福利院的。"

前段时间有个同学家里出事了，我们把手头上仅有的一点积蓄都借给了他，当时是月初，到下次发工资还有一个月，又是刚交了房租。我俩彻底成了穷人，就差申请低保了。那个月，我俩一口肉都没吃，就连炒菜都舍不得放油。眼见着两张红扑扑的小脸儿变成了葱心绿色，我决定改善一下伙食——搁两勺油。没想到她平时傻乎乎的，舌头还挺敏感，一吃就吃出来了。问我："怎么今天舍得放油了？"我想逗逗她，说："今天楼下来了个卖猪肉的，我在他的肉上摸了两把，回家拿碗盛水洗了洗手，用洗手水炒的菜。""啪！"我话音还没落，头上就挨了一筷子。"噢！干吗呀，改善伙食你还不乐意！""你怎么这么不会过日子？啊，拿碗洗手，你为什么不拿盆洗？"好吧，我不得不说如此贤惠的女孩如今真是不多见了。到了后半个月，实在太馋了，连做梦都是吃肉。有一天深夜，她突然把我从睡梦中拽起来，质问我说："说，你梦到什么了？"啊？我是说了什么不该说的梦话吗？于是我连忙解释："亲爱的，梦话是不能作数的，我的心里真的只有你一个人，我发誓！""……我是想问你干吗啃我的手。""嗨，"我松了一口气，"刚在梦里吃奥尔良烤鸡腿呢，金灿灿的鸡皮，撒上一层红红的辣椒……""知道就是梦见吃了，接着梦吧，记得只能吃一半啊。"她边说边闭眼准备接着睡。"为什么只能吃一半呢？""剩下一半明天吃。"

对于我们这个年纪的人来说，同学朋友结婚要随的份子钱，无疑是一笔巨大的花销，屋漏偏逢连阴雨，本来就不富裕，偏偏大学同学跟拿了号似的纷纷结婚。最可气的是当初的班对儿们，一对对地全都那么禁不起考验，纷纷分手另找了，你们既然都要结婚，干吗不互相结呢？如果是同班男同学娶了同班女同学，我们至少能少出一份份子钱吧。

一天，一个八百年没联系过的同学主动给我发了一条祝福短信，以我闯荡江湖这么多年的阅历来看，这小子肯定是要结婚了，先和老同学联络联络，下面，他就该要份子钱了，没跑！

不巧的是，这月我们刚买了大件，实在没钱随礼，更何况我本来和他也没说过几句话，所以真心不想出钱。于是，我先他一步说："谢谢你的祝福，告诉你一个消息，我下月要订婚了。"

过了两个小时，他的短信发过来了："真巧，我下个月要结婚，最近太忙，你们的订婚仪式我就不参加了。祝福你们爱情甜蜜！"

什么，居然不能来，哈哈，太遗憾了，我马上把早已编好多时的短信发了过去："那真是太遗憾了，也祝福你们，我们各自珍重。加油，好兄弟！"

搞掂！

虽然我和亲爱的她在一起很快乐，但我知道，我让她吃了很多苦。有时，我会担心这样的爱情会不会长久，但这个明媚的女子总是给我生活的勇气。她常说："我能想到最浪漫的事，就是和你一起慢慢变老。"还说："死了都要爱。"我明白，她不是生活在幻想中的小公主，她说这些都是认真的，而且我也看到，为了能与我生死相依，她真的很努力。比如前一段时间，她告诉我，今天在街上，看见一位大姐，和她很投缘，就聊了很多。大姐向她推荐了一款"经济适用坟"，她觉得很适合我们。"其实这就挺好了，"她说，"两个人在一起幸福比住什么样的地方更重要。"

本来汗毛倒竖的我，听了这话竟然很感动。苦不可怕，更何况是年轻时候的苦。虽然我们常常要为了怎么多省一毛钱绞尽脑汁，虽然常常见到喜欢的东西不能买，还要安慰自己其实并没有那么喜欢，但我真的很幸福，真的。

## 办公室生活欢乐多

从某种程度上说，选择"北漂"的人，都希望在事业上能够有所成就，即使苦点儿累点儿，只要能看到希望就值了。所以，对于我们来说，没有什么比进入一家发展前景广阔、待遇优、管理又人性化，并且办公室氛围友好的公司更值得欣慰了。幸运的是，我就服务于一家这样的公司。

在这家公司，我们的提升空间很大，只要我们有需求，公司总会努力满足。比如我上周就与经理进行了一次深入的交流。

我问经理："老大，我来公司已经两年了，您觉得我的表现怎么样？"

经理："总的来说还是不错的，但还有提升空间，继续努力！"

我："其实我一直很努力，我已经连续加班半个月了，周末从来都是在公司的电脑前度过的。"

经理："你的努力，我都看到了。希望你不要懈怠。"

我："不会的，不会。其实我是想说，嗯，公司能给我涨点儿钱吗？我一定会更加拼命的！"

经理："这个……"

我当然是有备而来："如果您不同意的话，有另一家企业希望我过去，他们答应给我的薪水比现在高百分之二十。"

经理："不如我们各退一步吧。"

我窃喜："您说吧，怎么个退法？"

经理："我不加薪，你也不走。"

我知道公司真的需要我，经理确实离不开我，人家都这么给我面子了，我能不识好歹吗？于是我答应了各退一步，并保证继续努力工作。

虽然工资不高，但是福利差啊。我工作两年了，至今还没有五险一金，从我进公司第一天领导就说在办了，看在领导已经为这件事操劳了整整两年的份上，我还能再抱怨吗？不仅如此，对于其他抱怨公司福利的同事，我也如秋风扫落叶一般毫不留情。

那天我对经理说："经理，今天早上在地铁上我听见其他部门有两个同事在抱怨公司不给上五险一金。"

经理问："那你是怎么做的呢？"

我："我当时的怒气'噌'就蹿到嗓子眼儿了，刚要批评他们，想想还是算了。"

经理："为什么呢？"

我："我一想，我没有医保啊，万一出事儿了哪有钱看病？"

我一直认为，对员工苛刻的公司一定不是好公司。我们每天都那么累了，上网玩会儿游戏，和妇女同志们促胸谈谈心，这过分吗？不会休息就不会工作，为了更好地工作，我每天坚持打游戏一小时。有一天，我战得正酣，经理从我背后经过。他轻拍我的肩膀，温柔地提醒我："你母亲的给我删了！再让我看见你就不用来了。"我立刻把桌面上的游戏快捷方式拖进了回收站，转过头腆眉耷眼地看着经理。经理当时就怒了："你当我傻啊，清空回收站！"好吧，我只能说，有这样的领导，真是我几世修来的福气。我这可是真心的。

既然经理如此厚爱我，我当然也要捍卫他。我最大的愿望就是他能万寿无疆。我们公司有一个同事出车祸去世了，正好我的电脑坏了，行政部就让我先用他的电脑。前几天我来公司加班，这个电脑也出了问题，于是我让一个同事用远程控制帮我解决一下。时间有点儿长，我就去休息室冲了杯咖啡。

没想到那天经理也来加班，他经过我的座位，发现我现在用着的去世同事的电脑上，光标自己在打开和关闭着各个文件夹……我回到办公室，看见他正背对着我站在电脑旁，于是大声叫了声："老大，来加班啊。"只见他后背一激灵，颤颤巍巍地转过身来，发现是我，长吐一口气，说："我来看看，这就回去。"

于是他回去了，一个礼拜了都没再来。

我一直在想要不要告诉他真相，但想想，经理已经受到很大惊吓了，不能再让他情绪波动了，所以决定还是不说的好。

虽然我这样调侃他，但不得不承认，我们经理真的是一个又有头脑，又关心员工的好领导。有一次，他们全家去越南旅游，特地给我们部门的每个人都带了一盒越南咖啡。真没想到，这辈子还能得到经理送的礼物，我们都兴高采烈地打开冲了一杯，然后纷纷赞美道："经理送的咖啡果然不一般，喝了以后立刻神清气爽、精神焕发。"

经理微微一笑："这就好，既然神清气爽、精神焕发，今天晚上就再加个通宵吧，这个项目还是有点儿紧……"

怎么样？是不是又有头脑又关心员工？

在我们公司，不仅上下级关系融洽，同事之间更是亲如一家。

我座位旁边坐着一位非常温柔、善解人意的姑娘，一天，她笑着对我说："哎，你可得多喝水啊，一天至少八杯水。"

一个姑娘提醒你多喝水，我又不傻，当然知道这意味着什么。我虽然也喜欢她……但我已经有女朋友了，所以装作没懂她的意思，问她："你怎么知道我不爱喝水。"

姑娘说："因为你一上午都没去厕所了。"

我的脸一下子红到肋条骨，问她："你……你怎么知道我没去厕所？"

她横波乜了我一眼，说："不然你裤子拉链一直开着你怎么都没发现？"

当然，不是每个姑娘都像她这样知情识趣，也有个别姑娘的无趣程度简直堪比中学班主任。但每款姑娘一定都有属于她的美，即使是这样的姑娘，我们也要努力改造，决不放弃。这不，昨天她就被销售部油头粉面的张公子搭讪了。

张公子走到她的办公桌旁，斜着肩膀歪着嘴角，跟中风了似的，问她："我刚买了新车，今天送你回家好吗？"

她忙摇摇头说："不用了，不用了，我自己能走。"

张公子嘴角更歪了："甭跟哥哥客气。"

中学班主任想了一下，说："那您女朋友会不会不高兴？"

张公子换了另一边的肩膀歪，说："她？她敢！"

中学班主任脸红得仿佛要渗出血来，她认真地点了两下头，说："那我就恭敬不如从命吧，正好我驾照快下来了，以后要用车您说话。"

张公子的肩膀不知该往哪边歪了，他弱弱地说："我又一想还是不大合适，你一个女孩子自己开车上下班不安全。"

说了这么多，您大概也很羡慕我能在一家这样优秀而充满活力的企业工作吧。其实，平台固然重要，但不是一切，好工作不是找出来的，是干出来的。正如我女朋友经常勉励我的那样："记得永远要努力，是金子总会花光的！"

# 公司着装规定太彪悍

为体现本公司青春向上、活力四射、严谨专业、华美酷炫的公司形象，特对公司员工着装作出如下具体规定。

第一，全体男员工周一到周四务必穿着工作正装，即西装、衬衫配领带。西装请选择黑色、灰色或银色。勿出现苏格兰格子，勿在胳膊肘后打补丁，否则请到美国大学教书。勿出现亮片、荧光粉、珠子、花鸟鱼虫等元素，否则请去 CCTV 主持节目。勿搭配 T 恤衫、老头衫、运动衣、红领巾、绿军裤、各色球鞋，否则请回你的靠山屯种地。请勿出现上下身不是一套的情况，否则抓阄决定保留上身还是下身。请勿出现大小不合适的情况，否则公司人事部将主动为衣服寻找主人。穿黑皮鞋勿搭配白袜子，否则会被误认为是迈克尔·杰克逊复活。勿佩戴褪色领带夹，否则会被误认为是暴发户进城。

第二，全体女员工周一到周四务必穿着套装制服，裙装、裤装皆可。请勿选择在成人用品店购买的制服品牌。严禁太瘦，否则个别部位或内衣痕迹过于明显，影响男员工的工作效率，也会给领导的家庭生活带来不和谐因素；严禁太薄，否则公司人事部将通过公司邮件群发的方式解释你内衣的颜色、形状及具体品牌，并建议大家购买；严禁太紧，否则做蹲下、起身、递物、演示 PPT 时可能会造成尴尬局面；严禁太短，裙装最好过膝，最低要求不得短于二十厘米，以上下均不露出底裤为宜，如有特殊需要请到人事部门报备；严禁太露，衬衫建议解开一到两颗扣子，当然如果您的衣服只钉了三颗扣子，建议只在自家卧室穿着。

第三，周五全体员工可随意穿着，可以选择舒适的休闲装、运动装等，也可以选择体现自己风格和个性的服装。但请勿选择以下服装：裤裆低于膝盖的日韩风服装——如您是日韩籍员工则此条作废；唐装——如果不是新年团拜会，您的唐装会使其他人认为我们公司带有帮会性质，或流氓土匪汉奸聚居地；中山装——如您穿着中山装，本公司人事部门将立即为您办理退休手续；透视装——如您穿着透视装，本公司人事部门将立即通知您的家长将您带回家批评教育；麻袋装——凡穿着麻袋装上班者可到公司人事部领取前一天剩饭食用。

第四，本公司对发型不作硬性规定，但提醒您注意以下方面：最好不要出现两种以上颜色的染发，您也知道，总部老板不喜欢非洲鹦鹉；最好不要留一九分，否则"一"的那部分头发可能压力太大；秃顶最好不要使用发蜡，以免光线太强，干扰其他同事正常工作；使用啫喱水等发型定型品最好适量，否则撞坏公司墙角、橱柜、门窗玻璃请照价赔偿。

第五，化妆方面请注意以下问题：粉底请选用正规品牌，请勿用在建材市场选购的白色涂料作为粉底，以免造成同事呼吸道疾病和公司电脑的键盘因粉尘过多而无法正常工作；请勿使用劣质唇膏，除非您愿意义务为公司清洗餐具一个月；男员工建议不要涂抹唇彩，以避免在上厕所时惊吓到同事，造成其排泄困难；化妆品涂抹厚度请勿超过三毫米，请相信公司这项规定并无恶意，您的脸真的已经很大了；被人事部门审核确定为恐龙或者青蛙的员工，请不要素颜。

第六，仪容方面，希望本公司员工能以微笑示人。如您在吃饭时愁眉不展，我们会认为您正在为公司革新而绞尽脑汁，总裁秘书将亲自向您询问对于公司的建议；如您在下班时愁眉不展，我们会认为您准备在下班时间继续思考如何提高业务水平，我们会为您安排下班后做的工作以满足您的愿望；如果您在见客户时愁眉不展，我们将认为您更喜欢基层的辅助性工作，从此不会再安排您接待任何客户。

# 这些职业习惯笑死人

都说职业会塑造一个人。我们从事的工作会让我们形成一种特殊的气质。比如我伟大慈祥的母亲，做了近三十年的公交车售票员，对待工作勤勤恳恳、兢兢业业，即使回到了家，心里想的也全是怎么提高业务水平。

一次，她和我爸晚饭散步后一起回家，她走在前面，一进门就把门带上了，把我爸关在了外面。我爸一边敲门一边大喊："开门啊老婆子，我还在外边呢。"我妈拖着鼻音说："别吵吵了，坐不着等下辆吧。"

从这一刻起，我终于知道我妈为什么年年是先进工作者了。

其实这不算什么，和我妈搭档的司机曹叔，以前是给殡葬馆开灵车的，后来调到了公交公司。刚调动工作不久，有一次开末班车，还没到最后一站车上的乘客就都下了，我妈走过去想跟他聊会儿天，刚走到他背后，在他肩膀上轻拍了一下，曹叔突然大叫一声，一下子丢开了方向盘作举手投降状。我妈不知道怎么回事，以为他犯病了，问他："怎么了小曹？"曹叔定睛一看是我妈，这才不叫了，喘着粗气说："刘姐，你说你没事在背后拍我干吗？我以为我开的还是灵车呢。"

在我妈的积极宣传之下，此事在他们公交公司经久不衰，至今不断被人提起。

要说到传播力，我妈虽然被称为"2路车移动广播电台"，但跟专业媒体比还是有一定差距。我记得小时候有一次看我们市的《新闻联播》，发现播音员的牙齿上赫然沾着一小块韭菜叶！在一小段口播新闻后，他低头看稿，用一级甲等的普通话念道："哥们儿，牙上沾韭菜叶了。"然后，我们再也没在《新闻联播》中见到他。

　　小时候，我家隔壁住着一位厂足球队的守门员，一米九的身高，一身的肌肉块。一天，住三楼的杨阿姨出去买菜了，出门时她家两岁的小宝还在睡觉，杨阿姨就把小宝一个人关屋里了。因为是夏天，她家开着窗户。哪知道，她买完菜回来，在楼下发现她们单元围了一群人，全都仰着脖子往上看，杨阿姨一看人家都仰着脖子，不由自主地就抬起了头往上瞧。这一瞧不要紧，发现小宝正在窗户边玩，半个身子都探出来了。杨阿姨当时腿就软了，脑袋里"嗡"的一声，大叫一声："小宝！"这一叫可不要紧，玩得好好的小宝一看妈妈回来了，往窗外一张手，直直掉了下来。说时迟那时快，守门员一步跨到小宝下方，等待时机，伸手一接，小宝早已在他的怀中。要不怎么说是专业体校的呢，这速度、这身手、这准头儿。杨阿姨吓得张大了嘴，下巴差点儿掉下来，刚准备去接小宝，还没迈开步，只见守门员拍拍小宝，运足力气一脚踢了出去……

　　好吧，我承认后半截是我编的。稍微有点物理常识的人都知道，孩子在掉落过程中重力势能会转化成动能，给接人者的手臂以巨大的冲击，接完小宝，守门员的胳膊打了一个月石膏，全区联赛也没参加。不过他救小宝时的动作，比他任何一次精准地扑球都要潇洒迷人。

　　我有一个初中同学，从小品学兼优，上大学学了法律，后进入检察院工作。据说，有一天晚上，他和他老婆正在睡觉，当时是夏天，他家落下了蚊帐，可有两只蚊子不知何时飞到了帐子里。他老婆喊他起来打蚊子，他一巴掌拍死了一只大肥蚊子，可还有一只小蚊子嗡嗡嗡，嗡嗡嗡，他却视而不见。

　　他老婆说："哎，那只蚊子在你后边呢，快打死！"

　　他淡定地说："这只还不能打。"

　　他老婆纳闷了："一只蚊子有什么不能打的？"

　　他说："这只从外表不能确定是否吸血，我们的新刑法采用的是疑罪从无原则，证据不足不能实施刑罚。"

　　我们公司的老板可是位工作狂，要不然，他也不能在三十岁出头时，就成了老总，又在之后的二十年间，把公司经营成这个鬼样子。

　　我们进公司后，都听说了这样一件事，十几年前，老板在北京打拼事业，突然收到了家里的一封加急电报，电文是："父亲病危，速归。"

　　老板一看，痛不欲生，强忍悲痛，在电报回单上签上了"同意"二字。

　　这个世界上，总有这样的好人让我们热泪盈眶，我的女朋友也做过这样的好人。她有一段时间做总经理助理，工作内容之一就是帮总经理接电话，每天要说不下二十遍："喂您好，×× 公司。"有一次，我打她手机，短暂的等待后，话筒那端传来了甜美的女声："喂您好，×× 公司。"我愣了一下，回道："您好，我是 ×× 公司他男朋友。"随后我们俩都笑得"热泪盈眶"。

　　我女朋友说，她之所以会这样，不是傻，真不是，是因为太敬业了。这样敬业的人在我们公司的程序员中普遍存在。比如有一次，一个程序员在墙角抽烟，经理秘书苏西路过看见了，对他说："帅哥，少抽两根，这个对身体不好。你看烟盒上不都写着呢吗，抽烟有害健康。"程序员非常严肃地说："我是个程序员。""我知道啊，"苏西一头雾水，"程序员就不顾健康吗？"程序员吐了一个烟圈，说："我从不把警告放在眼里，我只处理 Error。"

　　然后，苏西再也没理过他。这个故事告诉我们，虽然有时候你的职业习惯会给你的生活增添意想不到的趣味，但是，也请你保持正常人类的思维好吧。

## 请假理由都这么有才

上班族总免不了要请假，毕竟，谁家里没点儿事情呢？谁又没个头疼脑热呢？而且，谁还能不犯点儿懒呢？要想成功地请下假来，必须有充分而合理的理由。比如我的同事阿发。

阿发想去新疆旅游，准备玩七天，于是找到经理，说："头儿，我想请七天假。"

经理说："七天太长了吧，而且你有一份工作七天后必须完成。"

阿发拍着胸脯说："您放心吧，我的工作效率高，七天的活三天就能干完。"

经理眼皮也没抬说："既然如此，给你三天假，相信你也能把七天假期准备要做的做完。"

对于这样的领导，不想出狠招是断断请不下假来的。一向诚实惯了的建国，实在想不出理由，只好拿自己开刀了。

"经理，我明天想请一天假，行吗？"

"怎么了？"

"我明天肚子疼。"

……

诚实是撒谎者的通行证，谎言是诚实者的墓志铭。我还有什么话可说呢？我懂得连句瞎话也编不好的人之所以劳累致死的缘由了。那就是：你活该！不过您自己活该笨死，您倒是给别人留条活路啊！建国的谎话，成为我们公司请假史上的里程碑，从此再请病假变得困难重重。

比如，我上礼拜跟经理请假，说要去剜鸡眼，经理将信将疑，最后让我把袜子脱了他亲自验过货才准了我一天假。不幸的是，昨天，我痔疮犯了……

既然拿自己开刀走不通了，有人就选择了拿亲戚朋友开刀。阿强丈母娘家装修让他去帮三天忙，阿强心想，这理由领导肯定不给假，于是去和领导说："我奶奶去世了，我必须回老家一趟。我就这么一个奶奶啊。"

领导听了，心中恻然，就准了他三天假。

阿强走出领导办公室，把门带上，当即倒地恸哭。

"哎，哥们儿，不是说编的吗？咱奶奶真出事儿啦？"我赶忙拉他。

他慢慢地抬起头，眼含热泪地望着我说："三天啊，三天！妈的老子有三天大假了！"

我当时把他扔地下就走了。拿这种理由请下假来难道很光荣吗？亲人难道是拿来作践的吗？关键是，请下三天假还不是都得在丈母娘家干活，至于高兴成这样？

像阿强这样骗假的当然不值得提倡，不过有些事还真是不请假不行。比如经理的秘书苏西结婚的时候。

苏西说："经理，人家想请假结婚。"

苏西结婚，经理本来就有点儿别扭，诚心想难为难为她，说："苏西呀，你没听过那句话吗？婚姻是爱情的坟墓啊。"

苏西小脖一梗，说："那么我请丧假好了。"

这一顶，经理没了词，翻翻日程表说："可是明天是本月例会啊，你参加完例会再走。"

苏西挑起嘴角，笑笑说："那我请个例假吧。"

当然，这种假不准也得准，要跟苏西结婚的是公司最大的合作商。

婚假歇完，苏西披着一身的名牌回到办公室，边发喜糖边给大家道歉："不好意思，离开好几天，我的工作麻烦大家替我做了，辛苦了各位。"

看见新娘子说这话，我当然要宽慰一下了："不辛苦不辛苦，你的工作大家分摊一下任务也不重。我负责上网聊天，王姑娘负责逛淘宝，小慧负责跟经理打情骂俏，最辛苦的是阿发，这几天得空儿就自拍，现在看着手机不嘟嘴简直不会拨号了。"

如果你只是为了自己那点儿破事请假，那么未免活得狭隘了。我们公司一向以热爱公益、极富社会责任感自诩，于是我和阿发、建国和阿强约好了在雷锋纪念日那天请假，说要去做好事。经理看着我们四个说："你们的出发点是好的，只不过做好事用扎堆儿吗？全国就这一天，突然冒出来这么多雷锋，比细胞分裂还快呢，老奶奶们能适应得过来吗？别再雷锋太多，老奶奶都不够用了。"

我连忙解释道："老大，您误会了。谁说我们要去做雷锋啊？您说的我们也考虑了，所以决定，今天上街反串老奶奶，给雷锋同志们服务。"

领导喉结动了一下，说："你们的出发点是好的，但这样一来雷锋同志们会迷惑的，别弄得真老奶奶都过不去马路，便宜全让你们占了。我看干脆，你们就把我当雷锋，给我服务算了。"

领导说得很有道理，我们顿时恍然大悟、茅塞顿开。

其实我们这样做不过是博领导一乐罢了，没想真请。虽说公司的工资不高工作不少，但还是不少人想进的。因此我们对现状满怀感恩之心，当然不会乱请假。不然后果一定像阳仔一样。

阳仔今年刚毕业，属于家庭条件不错没什么压力的那种，对工作一直是应付应付就算了，你十次找他倒有八次他请假不在。那次，他嫌北京冬天太冷，要和女朋友去三亚，就去找他们部门的经理说："头儿，下个月我想请十天假，成吗？"

他们经理一点儿不含糊地说："成啊，不就十天吗，这还叫个事啊。"

于是阳仔就带着女朋友奔了三亚了。

十天后，阳仔去找他们经理销假："头儿，我回来了。"

"啊？怎么才回来啊。你旷工这么多天，我以为你自动离职了，已经把你开除了。"

"神马！经理，咱可说好了是十天啊！你这不是玩我吗？"

经理往椅背上一靠，看着他说："你不是学计算机的吗？应该懂得二进制啊。"

这个故事告诉我们，如果领导已经对你不满意了，最好还是收敛一点。真需要请假，倒不如就老老实实地说明情况，非要抖机灵，抖不好伤了自己还得溅别人一身血。

## 迟到的理由千奇百怪

　　虽然完美是我们的追求，敬业是我们的责任，加班是我们的爱好，但子曾经曰过："人吃五谷杂粮哪有不迟到的？"迟到并不可怕，可怕的是不合理的迟到。因此，如果你一觉醒来发现已经过了公司规定的上班时间，你首先要做的，不是穿衣、洗脸、刷牙、蹬鞋或直接裸奔去公司，而是先为迟到找理由。子曾经曰过："只为加班找理由，不为迟到找借口。"因为他老人家知道，有理由的迟到不叫迟到，而叫作优雅的迟到。

　　如果你还无法理解其中的真谛，那么我和我的同事们的经历一定能给你很多启示。

　　由于先天智力缺陷不会请假的建国对待工作从来一丝不苟，尽管如此，有一天他还是迟到了。当他踏着早上十点一刻的太阳到达公司时，发现经理已在他的座位旁边恭候多时了。

　　"经……经理，不好意思我迟到了。"

　　"说说吧，怎么回事？不知道项目催得紧吗？"

　　"昨天，不是您说的吗？只许在家里看报纸。"

　　这件事把经理气得够呛，还没来得及整治建国，丫第二天又迟到了。

　　经理问："建国啊，又在家看报学习了？最近都有哪个领导发表重要讲话啊？今天报纸头版是什么啊？"

　　建国傻笑一声："经理，你昨天批评过我了，我哪能还看报呢。我今天迟到，是因为休克了。"

　　经理大惑不解："休克？你什么时候休克的？"

建国说："我从昨天晚上十点沾枕头的那一秒开始休克，一直休克到今天早上九点才苏醒过来。醒了我一看表，立刻飞奔着来上班了。怕公交来不及，我打的过来的，花了三十块钱。经理，我要发票了，能给报了吗？"

经理从牙缝里挤出一句话："建国，今天晚上继续休克吧，祝你休克至人生的最后一秒钟。"

所以说，人生自古谁无死，不作死就不会死。要说在为迟到找理由这方面小有成绩的，那还得说是阿发。

阿发有天迟到，很不幸，他也被经理逮了个正着。经理问："迟到了什么原因啊？"

阿发说："我昨天做梦，梦见您了。"

经理："梦见我就能迟到？"

阿发："我梦见您和我一块儿被恐怖分子劫持啦！"

经理："……"

阿发："后来，我趁他们不留神，就逃出来了，这时候闹钟就响了。"

经理："响了赶紧起床上班啊。"

阿发："可您不还在他们手里呢吗？恐怖分子那多凶残啊，我一想，我哪能只顾自己逃命呢？说什么也不能让您一个人受苦啊，于是我关了闹钟，毅然决然继续做梦与恐怖分子搏斗。"

面对这份深情厚谊，经理只能笑眯眯地拍拍阿发的肩膀说："阿发啊，你当我傻呀？"

其实迟到了就迟到了，说清楚情况，下回注意，领导就不会难为你。犯了错就要勇敢面对，老想要小聪明逃避惩罚怎么行呢？我对于自己的错误从来都是坦诚的。

那次我迟到，开头的情节同上，被经理逮住了。经理问我为什么迟到。我说："您不知道，昨天我姑姑不小心把暖壶踢翻了，开水淌了一地。"

"烫伤严重吗？"

"她伤得不重，就是把棉裤都弄湿了，伤得重的是我姑父。"

"怎么你姑父也受伤了？"

"他是被我姑姑打的，"我一咬牙："唉，他在外面有别的女人了。"

"你送他去医院了？"

"是那个女人送的。"

"那他受伤和你迟到有什么关系？"

"也没什么关系，我就是跟您说说。"

经理看我家事繁杂，怕我负担太重，让我这个月和下个月都不用去领全勤奖了。

其实，我就是太顾虑经理了，费这么大劲解释还不讨好，苏西就不这样。

有次苏西迟到了。经理问："小苏啊，今天怎么来晚了？是不是家里有什么事情啊？用不用我帮忙？还是昨天没休息好？要不你休养一段时间吧，我带你去趟加利福尼亚州。"

苏西说："那倒不是，我家里挺好，休息得也不错。"

经理："那是什么原因呢？有困难尽管说。"

苏西："哦，是这样的，其实我今天早上出门挺早的，路过旁边的小学时，看见那儿有个路牌，上面写着'学校，慢行'，然后我就迟到了。"

苏西就是苏西，连迟个到都比我们华丽。

你如果认为经理只会对迟到者加以严惩，那么你绝对低估他的智慧了。事实上，经理更会为迟到者分析问题出现的原因，并提出有效的解决方案。

有一次，阿能迟到了。

阿能知道狡辩没用，于是打起了苦情牌："经理啊，我最近实在太累了，其实我昨晚睡前把闹钟定得好好的，可是今早它一响，我在梦里就把它给关了，你说，这是我的错吗？"

经理耐心地说："这的确不是你的错，是闹钟的错。这样，我有一个方法，相信会对你有帮助。"

阿能说："啥……啥方法啊？"

经理说："你今天晚上回去调好闹钟后，在闹钟旁边摆上三个老鼠夹子，相信你再也不会在梦里关闹钟了。"

其实有时，经理也会对迟到者网开一面。

比如上次阿强迟到。阿强走到办公室门口，探头一望，发现经理没在，轻手轻脚地准备颠到座位上，突然背后传来经理的声音："阿强，现在几点了？"

"九⋯⋯九点过五分了。"阿强嗫嚅道。

"该死，要不是昨天看球赛睡太晚，今天也不至于起不来床。"

于是，宽宏大量的经理就对阿强网开一面了。

不管怎么说，迟到总是不好的，即使编再多理由，我们也知道这是错的。这种错误还是少犯为妙，不然怎么能成为优秀员工呢？如果不能成为优秀员工，又怎么能拿奖金呢？

# 办公室里的搞笑死法

虽然你每天坐在办公室里，从事着并不高危的职业，虽然你无需出现在各种自然灾害现场，虽然你并不接触各种有害的化学药品，虽然你并不与有精神问题的人士接触，虽然你正值壮年，疾病史一张空白，但别以为你就没有因公殉职的可能性。

在办公室，你很有可能死于以下原因：

1. 连续加班，睡眠不足而困死。

2. 长时间开会，且没有用餐时间而饿死。

3. 公司请吃工作餐，胃口大开最终撑死。

4. 月底拿不到工资而穷死。

5. 月底拿到了工资，在接过工资条的一瞬间被气死。

6. 在第 N 次提交方案仍不能通过后绝望地吐血而死。

7. 在第 N 次提交方案通过后激动地吐血而死。

8. 在看到同事升职，坐独立办公室，拥有私人助理和秘书，开上公司提供的奥迪 A4 后嫉妒而死。

9. 在自己升职，坐独立办公室，拥有私人助理和秘书，开上公司提供的奥迪 A4 后被嫉妒的同事下药毒死。

10. 在自己升职，坐独立办公室，拥有私人助理和秘书，开上公司提供的奥迪 A4 后大笑三声至筋脉震断而死。

11. 在自己升职，坐独立办公室，拥有私人助理和秘书，开上公司提供的奥迪 A4 后大笑三声从梦中惊醒，跌下床摔死。

12. 被身边白富美女同事身上高端大气上档次的 SIX GOD 香水浓烈的气味熏死。

13. 被身边白富美且忘喷香水的女同事的狐臭味熏死。

14. 被身边白富美且无臭无味女同事每天念三百遍紧箍咒勒死。

15. 看到身边白富美女同事穿一身假名牌还炫耀老公对她有多好，不屑地撇嘴且白眼，以致嘴歪眼斜而死。

16. 看到身边白富美女同事一米七不到一百斤还整天嚷着要减肥，再看到自己肚皮上三个华丽的游泳圈，愤而割肉减肥，结果失血过多医治无效而死。

17. 如果你是女性，你将因一年四季需要穿裙装而在隆冬时节冻死。

18. 如果你是女性，你将因对一年四季需要穿裙装的规定不满意，在隆冬时节坚持穿棉裤衩套秋裤套毛裤套棉裤而被主管骂死。

19. 如果你是女性，你将因对一年四季需要穿裙子的规定敢怒不敢言，在隆冬时节敬业地选择了短裙而被老板的口水和同事的吐沫淹死。

20. 月底熬夜伏案赶报表，在完成的前一刻颈椎断掉而死。

21. 月底熬夜伏案赶报表，在家人的不满和抱怨声中气结而死。

22. 月底熬夜伏案赶报表，在交到领导手中的一刹那，被自己的敬业精神感动得一塌糊涂，涕泗横流而死。

23. 拿到公司的年终奖，发现是三箱苹果四桶油，在把苹果和油搬回家的途中力竭而死。

24. 拿到公司的年终奖，发现连三箱苹果四桶油都买不起，不平而死。

25. 被公司发现财务有问题，侵吞三百元畏罪自杀而死。

26. 没被公司发现财务有问题，后悔只侵吞了三百元恸哭而死。

27. 努力与异性同事搞好关系却被传绯闻，被老婆或老公温柔审讯却在审讯过程中"躲猫猫"而死。

28. 为避免传绯闻与异性同事保持距离而被误认为同性恋，在全社会的关怀下温暖而死。

29. 为讨领导欢心而殚精竭虑拍马屁，一不留神拍到了马腿上被马一腿蹬死。

30. 为讨领导欢心而殚精竭虑拍马屁，句句拍到点儿上却被马屁的味道熏死。

31. 不屑拍领导马屁而被领导驱逐出公司，沦落街头而死。

32. 拒绝参与办公室斗争，被对立双方撕扯而死。

33. 拒绝参与办公室斗争且躲过撕扯，却不慎被乱箭误伤而死。

34. 积极参与办公室斗争，却无一阵营愿意接纳，被推来搡去而死。

35. 积极参与办公室斗争，因站错阵营被赶尽杀绝而死。

36. 积极参与办公室斗争且站对了阵营，胜利夺取领导权后被卸磨杀驴而杀死。

37. 不受老板重用黯然神伤而死。

38. 受老板重视被同事排挤致死。

39. 先受老板重视而后失宠，热胀冷缩爆炸而死。

40. 受老板重视却最终发现只是被老板利用，感慨"啊多么痛的领悟"，肝肠寸断而死。

怎么样？你还认为自己做的不是高危行业吗？最后祝愿所有的职场人，都能老死在家中。

糗事一箩筐

## 第七章

# 酒桌上鬼话录

# 劝酒话让人哭笑不得

在酒桌上，能不能喝好，劝酒的功夫很重要。劝酒话说得好，有时比酒本身更醉人，劝酒话说不好，则比喝高了更恶心。酒场里自有人间百态，有些劝酒话，还真是让人哭笑不得。

话说，年终部门聚餐，照例经理要先敬酒。

经理端起酒杯："我先举三次杯。第一杯酒，谁要不喝，我是谁爸爸。"众人呵呵一笑，饮酒下肚。

经理接着说："第二杯酒，谁要不喝，谁是我爸爸。"谁敢占经理的便宜？又是一饮而尽。

大家都等着经理下句说什么。经理再把酒杯端起："这第三杯酒嘛，谁要不喝，刚才喝了酒的都是他爸爸。"众人含泪把酒咽下。

经理劝酒的事迹还不止这一件。有一次，经理请我们参加家宴，让经理夫人出去买酒，顺便还买了点儿猪耳朵当下酒菜。经理夫人拿钥匙开门时，因为两手都有东西，就把猪耳朵放在地下了，经理看见了说："老婆，下次要放，也得把酒放地下。肉万一让隔壁老王养的狗叼走了怎么办？但是狗不喝酒啊。"

我们一听，有点儿不悦，心想，今儿想少喝点儿还不行了。建国倒没什么反应，还呵呵笑着说："对对，还是经理想得周到，狗不喝酒，狗吃猪耳朵。"

像经理这种一贯喜欢在酒桌上将人一军的，也有被将住的时候。只不过，要想在酒桌上拿住经理，必须不按常理出牌。有一次，经理就碰见了一位走"野路子"的。

公司为拓展业务，派经理去农村调研。村里十分重视，村主任亲自作陪，同桌的还有刚毕业的大学生村官。

刚一落座，村主任就把酒杯端起来了："你们城里来的大领导都有文化，上过大学，不像俺，是个粗人，初中都没毕业。俺这个人不会说话，但你们来了，俺这个村主任必须说几句，表达俺们全村对你们的欢迎。各位领导辛苦，不知天高地厚，癫狂地来到这里，俺们没啥可招待的，这满桌子都不是人养的，没别的，咱们一起同归于尽吧。"

说得经理出了一身冷汗：这是不准备放我回去了吧？

这时，大学生村官站了起来，有些害羞地说："不好意思，我们主任不是那个意思，您千万别以为他不够意思，下面我来翻译一下他到底是什么意思。主任的意思是，您各位不顾山高路远，一路颠簸地来到这儿，我们村没什么可招待的，这桌上全是些山珍和野菜，不是家养的、饲料催的，咱们都端起酒杯，一饮而尽吧。"

经理这才长出一口气：看来各地不光风俗不同，连语言系统都差别这么大，以后出门可得带个翻译了。

要说起劝酒，阿发就是个中高手。请客只要带上他，保准把对方灌得迷迷糊糊，什么条件都答应了。我们经常怀疑，当年公司是不是把阿发当特殊人才引进的。

有一次，公司要争取一个重要客户，老板听说阿发能喝会劝，让他去作陪。一番客套过后，该点明主旨了，只见老板向阿发递了一个眼神。

阿发立刻端起酒杯："曹总，我先干为敬，您要是瞧得起我，就也举举杯。感情深，一口闷；感情浅，舔一舔；感情厚，喝不够；感情薄才喝不着；感情铁，能喝出血。"

客户说："知道你们热情，可是我不能喝呀。"

阿发说："酒是粮食精，越喝越年轻。您这精神头可不输二十岁的小伙子，您说不能喝，谁信啊？还是瞧不起我阿发。"

客户听到有人夸他年轻，脸上的肌肉都放松了，但还是推辞："家里老婆管得严，兄弟别见怪。"

阿发说："嫂夫人管您是爱您，兄弟们敬酒也是爱您。男人不喝酒，白来世上走。酒壮英雄胆，不怕老婆管。酒肉穿肠过，朋友心中留。"

客户一听，二话不说，把酒干了。

阿发又给他满上一杯，说："曹哥，好！看来您心中有兄弟，那我就再陪您走一个！"

客户连连摆手："不行了，不行了，今天喝得不少了，我眼前都打晃了。"

阿发喷了一声："您是大人物，什么场面没见过？什么好酒没喝过？您是宰相肚量，千杯不醉啊。一两二两，那是漱漱口；三两四两不算酒；五两六两别人都扶墙走了，您七两八两都还在吼。刚才才喝多少，能把您灌醉？"

客户呵呵一笑，又一杯酒下肚。

阿发接着满上："刚才算漱口，现在我陪哥哥正正经经地喝一个。"

客户推辞："只要心里有，茶水也当酒。我真不能多喝了，以茶代酒吧。"

阿发说："哎，那怎么行？客人喝酒就得醉，不然主人很惭愧。回头您要没喝好，都是兄弟我的罪。日出江花红胜火，祝我哥的生意更红火，大哥，这杯酒意义重大啊，您不喝还真不行。"

客户哈哈一笑，又是一杯。接下来阿发还有什么词呢？其实根本不用了，之后客户一杯一杯接一杯，哪里还用再劝？

## 醉过方知酒浓，爱过才知情重

男人的情感是含蓄的，只有在酒后，才会吐露出平时羞于开口的真情。要是没有"酒浓"，哪里晓得"情重"呢？喝了酒的男人最易动情，即使如我等鼠辈，酒后也往往表现出"铁汉柔情"的一面。

我有一次去喝酒，喝得昏昏沉沉，想上厕所，奈何那天饭店下水道堵了，只好趁着月黑风高去后院解决。本来以为这里没人，谁知刚解决完，系上腰带，就来了位小姐拽住我不放。虽然我自知魅力非凡，可长这么大，被女人如此死缠烂打、揪住不放，除了那次被冤枉偷钱包，这还真算是头一回。大姐啊，你就是再稀罕我，也不能霸王硬上弓吧，而且我喝了这么多酒，身上实在是没有力气啊。

我想挣脱她，谁知她一介女流，竟有如此神力，死死拽住了我的腰带，我把吃奶的劲儿都用上了，腰带连半分都没松。我有点儿害怕了，大喊道："能哥，发哥，快来救我啊，非礼啦！"

大概阿能和阿发也喝倒了，叫了半天都没动静。

我只得向这位女汉子讨饶："姐姐啊，我都是有女朋友的人了，我平时可怕她了，哪敢胡来啊！我知道你喜欢我，可我这辈子怕是要对不住你了，你就慈悲为怀，把我当个屁给放了吧，我追我女朋友不容易啊，你可不能这么毁我啊！"

可无论我怎么挣扎，她都不松手，也不说话。我挣扎得累了，竟然睡着了。

第二天醒来，发现自己躺在床上，身上没穿衣服！天哪，我这是失身了吗？女朋友知道可怎么办啊？更可恶的是，我竟然毫无感觉和记忆啊，这错犯得可太不值了！

我正在胡思乱想，一张笑脸出现在我面前，倒是挺眼熟，哦，这不是我女朋友吗？她温柔地对我说："醒啦，快吃早餐，给你准备了鸡蛋、培根和牛奶。"

这是什么情况？女人的心机真是深不可测。我心里没底，不敢多问。糊里糊涂地上班去了。到了公司，发现阿发和阿能两个人笑嘻嘻地看着我，问："怎么样？体会到什么叫柔情似水了吧？"

"你们两个昨天怎么回事？我让人拽住了，叫你们半天都不来。"

阿发拍拍我的肩膀："小子，快感谢我们哥儿俩吧，你昨天把自己腰带系到树上了，抱着树大叫'放开我，我是有女朋友的！'多亏我们叫弟妹来看，她感动得不得了呢。"

你看，要不是喝了酒，我这份深沉的爱该如何表达呢？

有时，来自陌生人之间的真情，也很令人感动。阿能婚礼上，我们部门的同事都喝了不少。我去了趟厕所，然后回到房间。喝了酒以后，人们之间的距离感都消失了，我亲切地和周围人打着招呼，感觉男的都是亲哥哥，女的都是好妹妹。正当我拉着一个妹子，进行"爱的表白"之时，阿发进来了，他上来就拽我："你小子怎么跑这儿喝酒来了？这是人家的包间，咱的包间是在隔壁啊。"

"啊，是吗？那哥儿几个，不好意思啊，妹妹，咱下回再聊，那边一拨等着我呢。"说着我端起也不知道是谁的酒杯就要走。

"哎，哥们儿别着急啊，"一个满脸通红的男人叫住我："在哪儿喝不是喝啊，你就这么走了，我们舍不得你啊！"

瞅瞅，什么叫作酒后见真情，我也觉得这是种特别的缘分，没准儿是不喝不相识呢，可惜的是，我已经忘了他们都长什么模样了。

建国有一次喝大，抱着我们痛哭流涕不肯回家，无奈，我们只能替他打了一辆车，把他塞进去，给了司机二十块钱（其实到建国家也就是起步价），让他送建国回去，然后我们就都回去了。谁知第二天一大早，我就接到了派出所打来的电话，让我去领人。

我被弄得一头雾水，但还是去了，一进门就看见建国侧卧在墙角的长椅上，睡得正熟。不是说来领人吗？指的就是这头死猪吧？

我上去叫醒建国，问："不是给你送上车了吗？这是犯了什么事啊？"

建国睡眼惺忪："哥啊，别提了，那司机跟我绕道啊，我当然不干了，没给他车钱，他就给我送这儿来了。"

"钱我给过了啊，再说，不够你添点儿啊，实在不行给我打个电话我给你送去，怎么早上才找我呢？"

建国呵呵一笑："哥，就知道你心疼我。我这皮糙肉厚的，在哪儿睡不是睡啊，昨天晚上他们让我找人来领，我嘴巴严着呢，就为让你睡个踏实觉。"

瞧瞧，亲弟弟也不过如此吧。如果没喝高，我哪知道建国的这份心意呢？

# 男人们为什么喜欢喝酒

经济学家说：今年的高粱有滞销趋势，酒店的兴旺在相当大的程度上缓解了供求不平衡的现状。

地理学家说：男人们想证明地球真的是在自转的。

生物学家说：男人们通过喝酒，自然恢复到猿人状态，从而证明达尔文进化论的合理性。

外交家说：酒量是一个男人综合实力的重要指标，在雄性的世界里，没有永远的朋友，也没有永远的敌人，只有谁能喝服谁。

物理学家说：男人们希望通过喝酒，来证明眼前的一切对于他来说都处于相对运动状态。

哲学家说：通过喝酒，男人懂得了一条路的直与非直是相对的。

数学家说：男人们在酒后推导出了："一瓶白酒＋一瓶白酒＝全世界属我最牛逼"的伟大公式。

化学家说：男人们试图探寻乙醇这种有机物里究竟是不是含有二氧化酒虫，而二氧化酒虫与体内的水反应，是否会生成氢氧化酒鬼。

历史学家说：一部饮酒史就是一部男人权力斗争史。

社会学家说：酒桌上的秩序，正是社会秩序的缩影。

人类学家说：男人们酒桌上的言谈，比田野调查更为真实、具象、生动。

医学家说：男人们由酒精所带来的迷醉状态，提供了大量酒精中毒、肢体残疾、内脏出血方面的案例，极大地促进了人类医学的昌明进步。

音乐家说：酒馆的吵闹声，卫生间的呕吐声，桌椅板凳相互敲击的声音，女服务员的尖叫声共同构成了一曲和谐的交响乐。

　　画家说：男人通过喝酒，打破了真实世界与画中世界的界限。

　　诗人说：迷狂是酒神无上的恩赏，酒精就是诗歌的源流。

　　健身教练说：在他们眼里，我的腹肌最性感；在我的眼中，他们的啤酒肚最迷人。

　　记者说：男人饮酒所带来的社会治安事件与交通案件是我们重要的新闻源。

　　酒店经理说：要是男人不喝酒，我们的生意还怎么做？

　　阿发说：要是男人都不喝酒，我凭什么得到老板的重视呢？

## 喝醉之后，各种笑话

喝酒难免喝醉，喝醉了可就是考验酒德的时候了。有的人喝醉了便闷头大睡，有的人喝醉满脸挂笑，这是酒德上乘的人，不麻烦别人，亦不作贱自己；有的人喝醉就开始倾吐心事，有的人喝醉就爱当人生导师，这些算酒德中者，虽忘乎所以，好在并不给别人添麻烦；有些人喝醉就开始掀桌闹事、调戏女性、打老婆骂孩子，这种人酒品最次，可偏偏正是这种人最爱喝，谁也拦不住，真是让人无奈。

喝醉酒，难免会给旁人带来一些困扰，不过有时也会带来一些笑料，成为日后的谈资。

这次，我就先拿自己开涮。有一次，我喝高了，出门被一辆摩托车撞了，被送进了医院。后来听说，我女朋友接到电话，火急火燎地赶到医院，从病房门口就听见我喊："你们要干什么？要绑票找大款去！我穷屌丝一个啊！啊……"后来诊断说我小臂骨折，手被固定不能动，护士小妹帮我脱衣服，只听我又一阵大叫："你要干……干什么？我可是有家室的人，你年纪轻轻的小姑娘可不能胡来！"护士哭笑不得地问我女朋友："你老公这是喝了多少酒？都骨折了酒还没醒。"

上大学时，寝室一个哥们儿失恋喝高了，被我们一路搀回宿舍，边走还边脱衣服，害得路上经过的学妹们看见我们，都像看见一坨屎一样掩鼻而过。到了寝室这哥们儿也不消停，他打开窗户，把头探出窗外，我们以为他要透透气，也没管他。哪知他接下来给了我们一个大惊喜——只见他爬上窗台，手在额上一勾，大半个身子往外一倒："筋斗云！"

还好，我们寝室是在一楼，他除了跌进花池啃了一嘴泥之外倒没什么损失。事后我们一直劝他："二师兄，没那个本事就别逞能了，翠兰会担心的。"

阿发是酒场高手，一对十对他来说简直是小菜一碟，可那是因为他会说，其实酒量倒也一般。阿发喝醉了酒，场面相当可观。有一次，阿发挣了奖金，一高兴多喝了两杯。醉眼迷离的阿发起身上厕所，过了半天还没回来，我们正准备出去找他，只见他摇摇晃晃就回来了，一坐下就对我说："这家馆子可太火了，连厕所里都摆了两桌酒。"

我们正纳闷，只见几个光膀子的彪形大汉拎着酒瓶破门而入，进来就大声问候阿发的家人："我们这喝得好好的，进来脱裤子就撒尿，你小子活腻味了吧。"亏得我们替他解释半天，否则估计阿发小命难保。据说阿发后来留下心理阴影了，每次上厕所拉开裤链都尿不出来，得出去看好几遍，确定的确是厕所才能顺利开闸放水。

阿能喝醉那次也很经典。他叫了一辆出租，司机把车发动，开入机动车道，见阿能不说话，回头一看，阿能正脱衣服呢。这是怎么回事儿，别是流氓吧？司机一个糙老爷们儿，还真没这么被调戏过，忙问他："唉，兄弟，你这是要上哪儿去啊？"

阿能说："我能上哪儿啊？我这不回家了吗？别烦我，我要睡觉！"

司机说："这不是你家呀。"

阿能愣了半分钟，定睛一看，对司机说："快，回我上车的地儿。"

司机不解："回那儿干吗？"

阿能说："我以为到家了，把鞋给脱外头了。"

其实，我们这些都是小意思，真正牛叉的，还得说是经理他老人家——喝点儿酒，连袭警的事都干了。

经理有次喝了酒，还开车回家（当时酒驾还不属于刑事犯罪），路上正赶上查酒驾。该经理吹气的时候，交警对讲机响了。交警去旁边说话，经理撒丫子就跑回了车里，把车发动，一脚油门就开路了。

第二天早上，经理家门铃响了，经理一开门，发现是两个交警。经理当时就明白了，电光石火之间，心里已是千回百转：待会儿他问我有没有酒驾，我要承认了肯定挨罚，不如干脆来个死不认账，反正他也没证据。经理刚要开口，警察先发话了："哥们儿，你的车我们给你开回来了，警车能还我们吗？"

领导果然就是领导，也许你这一辈子，也能犯错坐回警车，但你能犯错开警车吗？

# 关于酒的悲喜剧

酒精是个神奇的东西，古今中外，大抵性情坦荡直率者，都对酒精有某种偏好。酒精不管有没有灌醉人，都可以催发一些人间悲喜剧。其中不乏尴尬，亦不乏幽默，全在你如何看待了。

阿能结婚那天，我们部门的一众人在酒店死磕。桌上早已杯盘狼藉，桌下也已摆满已空的，半空的酒瓶，但大家仍觉不尽兴。

阿能被我们灌得够呛，简直要跪地求饶了，可今天他才是主角，不灌他灌谁？我们当然要抓住重点，绝不放过。

阿能装熊到底，无论如何不肯再喝一口。阿发佯装生气，一句京骂脱口而出："你大爷的！"

阿能不甘示弱："别瞎叫，我是你爹，快叫爹来听听！"

阿发不动怒，亦不反驳，但笑不语，过了一会儿，朝新娘子喊道："妈！饿死我了，我要吃奶！"

众人拍案狂笑，建国一口酒喷出，喷了经理一脸，阿能只得认栽，忙接过酒杯："我喝我喝，今儿兄弟们让我喝多少我喝多少，但有一条，调戏你们嫂子可不许啊！"

喝完这顿酒出来，我想起我是开朋友的 SUV 来的，又忘了找代驾。见苏西在旁边，想想她学过开车，便问她："苏西，你是什么照啊？"

苏西脸一红，说："你喝多了吧，看你平时挺斯文挺内向的，对你女朋友还特忠心不二，怎么这都打听啊？"

我心里纳闷，心想你学开车的事我们都知道啊，这有什么不能打听的："这还是什么秘密啊，我们都知道。"

苏西脸更红了，娇嗔了一句："我是 C 罩啦。"

"C 照啊，唉。"我一想，本来就是女孩，又考的是 C 照，开大车恐怕不行吧，便叹了口气。

苏西面露不悦："好啦，我承认，我是 B 罩。"

"真的假的？"想想当时学车，学 B 照的都是二十郎当岁光膀子一身腱子肉的大小伙子，苏西一个柔柔弱弱的女孩子，没想到还挺有两下子。

苏西似乎更不高兴了："好吧好吧，我是 A 罩，这下你满意了吧？"

"那可太好了！"我说："A 照的开 SUV 肯定没问题啊，苏西，今天只好麻烦你把我送回去了。"

苏西彻底蒙圈了："啊？原来你在说，驾照啊……"

"当然了，不然你以为是什么。"

到了第二天我才回过神儿来，原来如此！想不到苏西看着挺"高大伟岸""波涛汹涌"的，居然比我女朋友还小一号，要不怎么说"女人胸，海底针"呢，真是叫你猜不透啊。后来，我为了解开这一未解之谜，一连好几天都盯着苏西的胸前不放，吓得她请了我好几天的工作餐。

建国有一次去参加他同学组的 KTV 局，遇一肤白貌美气质佳女生，就在二人对视的一刹那，电光石火之间建国又一次神魂颠倒，又一次陷入万劫不复之深渊。开辟鸿蒙，谁为情种？建国是也。

建国想起张公子说过，女孩一喝酒，就容易激发感情，很可能会对身边照顾她的男子产生好感。于是，建国大着胆子去敬酒。这个女孩倒也不扭捏，一杯一杯喝得甚欢，建国都有点儿头晕眼花了，女孩还是思路清晰言辞犀利，丝毫看不到酒精在她身上发生作用。

唱完歌，建国主动提出要送女孩回家，女孩爽快地说："不用了，我自己打车就可以了，你好像有点儿醉啊，赶快回家休息吧。"

这年头，麻利爽快不矫情的女孩真是不多见啊，更可贵的是，她还能主动关心别人！建国更加坚信自己找到宝了。于是，在自己回家的路上，他情不自禁地沉浸在对未来的幻想之中。

过了几天，建国听说同学又组局，这个女孩也会去，于是建国死皮赖脸地要求带上他。

到了地方，发现除了女孩和组局的同学，别人都是他没见过的高富帅。

有一个高富帅似乎对女孩有点儿意思，拿起酒杯去请她喝酒。

建国心想："一杯酒就想灌醉我女朋友，怎么可能？她可是千杯不醉。你以为你高富帅了不起吗？她前几天可是主动关心过我的！"

建国没想到的是，女孩刚喝两杯，就开始往高富帅身上歪，一边歪还一边说："我都说过了我不能喝，现在我好像醉了，待会儿该回不去家了。"

望着女孩靠在高富帅身上的娇媚模样，建国好像明白了什么……

在一次电视直播上，我们看到了一位老英雄。

这位老英雄已经一百零二岁了，耳不聋眼不花，看上去顶多七十岁。

记者问他："老人家，能给我们介绍一下您长寿的秘诀吗？"

老英雄说："我这辈子，没抽过一口烟，没喝过一口酒，食物以青菜大豆为主，到现在还坚持每天散步四十分钟。"

记者说："听上去是种很健康的生活方式。"

我女朋友说："听上去你的生活方式的确该改一改了，昨天饭局又喝那么多，这样会早衰的。"

这时，电视里传来一阵尖锐的咒骂声。

记者问："这是什么声音？"

老英雄笑着答道："不好意思让您见笑了，估计是我爹醒了，找不着酒正发脾气呢。"

## 酒桌上的尴尬

阿能刚来北京、进公司那天，部门里的几个哥们儿请他吃饭，由阿发来点菜。点好后，阿发问我们："有没有要加菜的？"

我们没记清都点过哪些了，想让服务员把点过的菜名报一下，于是对服务员说："小姐，报一下。"

服务员愣住了。我们以为她没听清，又说了一遍："小姐，报一下。"

她顿时着红了脸，紧抿着嘴唇。我们也不明就里，只好又重复了一遍："小姐，麻烦挨个儿报一下吧。"

服务员眼泪唰地涌了出来："俺到北京打工，做的是正经事，凭什么让你们这么欺负？"

我们这才知道误会了，捶桌便大笑，小姐咬着嘴唇说："你们还笑话俺！"然后一甩小辫，扬长而去。我们马上去找她解释，这位服务员小妹听完也破涕为笑。

接着，她给我们上菜，先端上来的是一份东北大拉皮，配着几小碟的酱油、辣椒油、蒜蓉等配料。服务员上菜时，手一滑，把辣椒油一不小心滴了几滴在阿发的裤子上。阿发有点儿生气，阴沉着脸问："这怎么办啊？"

服务员说："看您了，怎么拌都行。"

阿发苦笑一声："我就想问问你准备怎么办。"

服务员说："我听您的，您说怎么拌就怎么拌。"

阿发愣了一愣，这小姑娘一会儿不见，从容淡定了许多啊，接着说："妹妹，我就想听听你们这儿一般都是怎么办的。"

服务员说："要不这样吧，我给您拌。"

阿发笑了，想：我倒看看这小姑娘预备怎么办。于是说："好啊，你来办。"

只见服务员把几碟酱料都倒到了盆里，找了一双干净筷子，麻利地拌将起来……

不一会儿，北京烤鸭上桌了。阿能是南方人，吃不惯那种酱，只把鸭肉和葱丝卷起来吃了。服务员说："这个应该蘸着吃。"

站着吃？这是什么规矩！阿能当时初来乍到，以为是此地风俗，一边答应着，一边就站了起来。

服务员觉得奇怪，就说："您请坐。"于是阿能又坐下了。又夹起一块鸭肉裹了。

服务员又说："那个要蘸着吃的。"

阿能觉得奇怪，为什么吃鸭子要站着呢？但怕在新同事面前露怯，还是照做了。

服务员又说："您请坐吧。"

阿能被彻底激怒了，这该不会是欺生吧！于是大声问道："一会儿让我站，一会儿让我坐，你到底是什么意思？"

现场静默三秒钟，随后笑得天翻地覆、七荤八素。

那一天，我有点儿事要晚到，等我到时，他们已经吃得半饱了。见我进来，阿发连忙招呼："来啦，快坐。咱们添酒回灯重开宴。服务员，茶！"

服务员看了我一眼，伸着手指头数了起来："一，二，三，四，五，六。共六位。"

我们见状大笑，阿发说："倒茶！"

服务员的手指又逆时针把我们挨个儿点了一遍："一，二，三，四，五，六。倒查还是六位。"

阿发说："真没见过你这样的服务员，你数什么啊？"

服务员说："我属狗啊。"

阿发听后大怒："数狗？你说谁是狗啊？叫你们经理来！"

服务员又哭丧着脸出去了，不一会儿经理来了，问怎么回事。

阿发说："她骂我们是狗。"

服务员说："谁骂了？我一九九四年生的，是属狗啊。"

原来又是误会一场，大家笑笑作罢。本以为终于可以安心吃饭，没想到又出事了。

这餐饭的压轴大菜——清炖王八汤——上桌了。我们为表热情，都争着给新来的阿能先盛，一边夹着王八的脑袋，一边说："快，阿能动动，阿能动动。"阿能当时面色就有点儿不对了，但还是客气地说："太客气了，太客气了……"

阿发一边给阿能盛汤，一边说："这王八吧，就得喝汤。"

盛完阿能的，阿发又叫服务员了："小姐，快过来帮着分分啊。"服务员站在一旁不动，面露难色。

阿发说："叫你呢，帮着分分。"

服务员为难地说："大哥，不是我不分，你们一共六个人，五个王八蛋，让我怎么分啊？"

只见在场所有人都放下了筷子，面对如此美食，也没了胃口。

# 酒鬼如是说

　　我一直觉得，酒鬼是一种奇特的生物。他们嗜酒如命，拿起酒瓶就等于把命运掌握在了自己手中。他们饱食终日，无所用心，整个思维全在另一个世界飞翔，正所谓：小隐隐于野，中隐隐于世，大隐隐于朝，巨隐隐于酒。他们对于日常生活，永远有着异乎常人的理解。不要以为酒鬼就是生活的弱者，是用酒精麻痹自己，逃避现实，如果你真的这样想，只能说明你没喝过酒。真正的酒鬼，敢于直面惨淡的人生，敢于正视淋漓的鲜血。他们之所以喝酒，就是在上帝给他们关上一扇门之后，自己偷偷又给撬开了。

　　我二叔家的堂哥，就是一位名副其实的酒鬼。不得不说，我始终对他的世界充满好奇与向往。

　　当然，不是每个人都有我这种体察芸芸众生哀苦的慈悲心肠，大部分人，都对他酗酒心怀不满，特别是我二婶，简直为他操碎了心。

　　一天，我二婶在报纸上看到一篇谈论酗酒危害的文章，于是拿给他看，说："看到了吗，这上面说，酗酒对身体危害极大，会大大缩减寿命，为了妈，你也保重一下自己好吗？"

　　我堂哥爱酒归爱酒，可的的确确是个大孝子，看见自己的亲妈难过了，自己心里也不是滋味，当即拿过报纸，对二婶保证说："妈，你放心吧，我不会再让你因为这种文章而难受了。"

　　二婶拧成一个疙瘩的眉头舒展开来，对堂哥说："好儿子，说说，你准备怎么戒酒？"

　　堂哥问："谁说我要戒酒？"

"你这孩子，刚说过的话就不算数了啊？"

"不是，妈，你理解错了，我是说，我再也不会让您看到这份报纸了。明天我就打电话到报社，说我们要取消订阅。"

我堂哥从来都是大丈夫一诺千金，没等到第二天，当天下午就取消订阅了。

他的一诺千金不止表现在这一件事上。堂嫂对他酗酒也颇多抱怨，有一天，他喝多了回家，满屋撒酒疯，撒完酒疯就狂吐不止。堂嫂气急了，第二天要堂哥承诺，今后再不涉足酒馆。堂哥自觉理亏，便答应了。

第二天，隔壁金老三叫堂哥去喝酒，堂哥屁颠屁颠就去了。到了门口，堂哥不进门，而是躺到了地下，对服务员翠花说："妹子，快找俩人把我抬进去。"

翠花乐了："大哥，只听说过从这儿抬出来的，还真没有听说过谁是给抬进去的。"

堂哥叹了口气对翠花说："妹子，你是不知道啊，昨天我跟你嫂子保证过了，今后再不涉足酒馆，咱大老爷们不能说话不算数啊，你说是这么个理儿不？"

翠花不解："不涉足，那你还来？"

堂哥说："你没懂，妹子，我说的是不涉'足'，可没说后背不能涉啊。快别废话了，赶紧找人抬我进去吧。"

后来，堂哥说，躺着喝酒别有一番滋味。

其实，堂嫂可不是位俗人，她曾经为了能更好地理解堂哥而尝试喝酒，只可惜失败了。

那次，堂嫂兴高采烈地端起酒杯说："爷们儿，你爱喝酒，我陪你喝，你说你整天稀罕酒稀罕成这样，这酒肯定不一般吧。电视剧里都说是琼浆玉液，今天，我也享受一回。"

说完一饮而尽。

喝完酒的堂嫂，五官来了个紧急集合。"哎呀妈呀，这酒可太难喝，你每天就喝这个啊？"

堂哥委屈地说："那可不咋的，你还说我每天就知道喝酒享乐呢，让你也试试，喝酒可不容易！"

都说酒后吐真言，我曾与酒后的堂哥，进行过一次触及心灵的长谈。堂哥在谈话中所流露出对人生深刻而富有智慧的理解，至今仍不断被我从记忆里拿出来，反刍、咀嚼、吞咽、消化、回味，并从中汲取营养。

那天，堂哥不见了，堂嫂急疯了，一边骂："死东西，肯定又喝酒了！"一边挨家挨户找遍了全镇。我怕堂嫂着急，就也跟着去找。终于，在一家小酒馆，我看到了瑟缩在墙角喝酒的堂哥。我走上前去，握住他的手说："哥，你实话实说，你这么爱喝酒，肯定是心里有什么难事儿吧？"

堂哥一听这话，握紧我的手摇了摇，带着哭腔说道："兄弟啊，哥哥愁啊！你堂嫂她瞧不起我啊，昨天又抱怨了半天，我只好借酒消愁。"

我一听这话，忙问："堂嫂不是对你挺好吗，她都抱怨什么了？"

堂哥擤了一把鼻涕，说："她就抱怨我昨天又喝得半醉啊。"

我劝他道："哥，嫂子那是为你好，不愿让你喝多。"

他一听急了："别瞎说，她是嫌我喝少了啊，我这半辈子，从来没有人敢说我喝得少！我昨天喝了四两，她嫌我是'半醉'，我今天，就要喝一斤给这老娘们儿看看，什么是百分之一百二的纯爷们儿！"

堂哥这么喝，终于喝出了胃出血。那天深夜被送进了医院，抢救成功后，躺在病床上输着液，被主治医师好一通骂。堂哥对这位医生倒是挺服气的，一句话都没敢顶，居然还当场保证回家后一定谨遵医嘱。

哪知道，出院第二天，堂哥就又喝开了，与以前不同，他这次从他儿子的酸奶盒里偷了根吸管，伸进酒瓶里吸着喝。

堂嫂看见了问："你喝酒拿儿子吸管干吗？"

堂哥说："医生不是说了嘛，让我离酒远一点儿，我可得听医生的话。"

我堂哥虽没有"酾酒临江，横槊赋诗"的才情，却也有"把酒言欢，红尘作伴"的渴望，怎奈总要忍受"举杯邀明月，对影成三人"的孤单。因此，当堂嫂刚刚生下小侄子时，堂哥的喜悦是发自内心的。虽然这个婴孩与一坨小肉还没什么分别，但堂哥却早已把他当成了把酒言欢的莫逆之交，堂哥恨不能在奶瓶里灌酒。

小侄子长大了，堂哥总是不忘对他说起酒的种种好处。

一天，小侄子生病了，堂哥带他去打针。小侄子怕疼，堂哥对他说："乖儿子，待会儿护士阿姨会在你屁股上擦酒精，擦了你就不疼了。"

小侄子问："那是为什么？"

堂哥解释道："你的屁股喝醉了，就不觉得疼了呀。"

小侄子这才答应打针。没想到，针头一刺进他的皮肤，他立刻全身肌肉绷紧，大哭大叫。

好不容易打完了，小侄子哭着对堂哥说："爸爸爸爸，你骗人，你说不疼，可我还是疼。"

堂哥一听喜上眉梢："好儿子，你酒量不错啊！"

希望将来小侄子不要变得像堂哥一样，不然，堂嫂脆弱的神经恐怕真绷不住了。

糗 事 一 箩 筐

## 第八章

# 交通蛋疼录

# 挤公交车被踩脚后

谈到公交车之挤，相信没钱买车的上班族都深有体会。有天我刚进办公室的门，就听到苏西和小慧两个人在抱怨。

苏西说："你知道吗，我表姐昨天流产了，都六个月了，全是挤公交挤的。"

小慧说："这算什么，我表姐上礼拜去医院检查，怀孕了，也是挤公交挤的。"

原来女性同胞挤公交这么危险。我一定要让我女朋友过上再也不用挤公交的日子，不让她受这种苦。男人，不为你的女人花钱，那你挣钱还有什么意义呢？明天我就去买辆车给我女朋友，让她每天开着属于自己的车上班。

既然公交车这么挤，在车上被踩脚也就成了家常便饭了。

上个月是文明礼貌月，我在车上刚扶稳，突然脚面上传来一阵剧痛，我感觉我的脚趾简直要被碾成粉了。刚要发火，看到车窗上"文明礼貌，从我做起"的宣传标语，压了压火气，拍拍前面老兄的肩膀。

"不好意思，您踩着我脚了。"

"哦，没关系，我能站稳。"

我听了不对劲，想讽刺他一句，说："那谢谢啊。"

本以为他能明白我的意思，没想到这哥们儿回道："哦，没事儿没事儿，应该的。"

应该你大爷！

能够如此彬彬有礼地处理被踩脚，大概也只有我这样的谦谦君子才能做到吧。像张公子这样的，不报复才怪。上次他也和我一起挤公交，有个打扮入时的浓妆女郎站在他前面，一只手拿着手机聊天，一只手弯着手指看指甲涂得怎么样。汽车一转弯，她十二厘米的"恨天高"细高跟儿，就直直地戳在了张公子花八百块钱买的新皮鞋上。

张公子倒吸一口凉气，对她说："小姐，你踩着我呢。"

浓妆女郎白了他一眼，绛红的嘴唇一使劲儿："有病！"

张公子冷笑一声："你有药？"

周围的人都笑了。

浓妆女郎觉得没面子，提高嗓门说："你精神病吧？"

张公子说："你能治啊？"

这一来连司机都笑了。

浓妆女郎咬着嘴唇说："神经病神经病神经病！"

张公子笑着说："你是复读机吧？"

旁边一对小学生笑得捧起了肚子，边笑还边学："你神经病！""你复读机！"

浓妆女郎干瞪眼，一句话也说不出来。

旁边一个哥们儿小声问道："不会是没电了吧？"

这才叫棋逢对手！这才叫来有来言去有去语！这才叫一句话都不掉在地上！当然，这种级别的较量不是每天都能看见的，毕竟不是每个被踩脚的都如此深谙语言艺术。比如有次坐公交，上来一外国朋友，很不幸，他脚也被踩了，他张了张嘴，用标准的伦敦音对踩他脚的人说："先生，你把脚放到了我的脚上，还很用劲。"

我所目睹的最经典的一次"公交车踩脚事件"的主人公是建国。

建国挤公交，车子一拐弯，建国一只大脚丫子就踩在了一个小妹妹的凉鞋上。

小妹妹当时的表情，就像喝了整整一坛子陈醋。她用手戳戳建国说："你踩着我脚呢。"

建国回头看她，眨了眨眼问："哦，你要下车了吗？"

在公交车上被踩脚的人往往脾气不大好，但有些人有顾忌，不敢轻易发火，比如上次阿发被踩了。他笑眯眯地问："请问，您是李刚吗？"

"不是啊。"

"那你爸是李刚吗？"

"你爸才李刚呢。"

"那您家亲戚有没有叫李刚的？"

"没有啊，你想说什么？"

"哦，没有对吧，那你丫踩我脚了。"

其实我觉得阿发这样显得特别跌份儿，就是踩着李刚了，难道他就不该道歉吗？李刚家族的跟我们普通人难道有什么区别吗？如果说有的话，那就是，李刚家族的人怎么会来挤公交车呢？

其实，踩脚这件事要是处理得好，没准儿双方还真能有点儿什么小故事。阿强有一次踩人脚了。

"唉，大哥您注意点儿嘿，踩着我了。"

阿强一回头，是位美女！神仙姐姐王语嫣知道吗？就跟她妈长得差不多。阿强当时哈喇子差点儿掉脚面上，忙说："嗨，这位姐姐，你说这公交车上这么多脚，我左不踩又不踩，偏偏踩着了您的玉足，您说这算不算一种特别的缘分呢？"美女顿时羞红了脸，咬了一下嘴唇，轻举双臂，手里拎的包直接就朝阿强抡过去了。然后巧笑一声，说："这么多脸，我左不抢右不抢，偏偏抢上了你的糙脸，你说咱俩缘分还真不浅！"

这老话怎么说的来着："美女不可怕，就怕美女有才华。"阿强那脸肿得，半天都没消下去。

## 公交车里尴尬场面多

"尴尬人难免尴尬事"，一车的陌生人在同一时空如此"紧密"地"团结"在一起，要想没点儿尴尬场面简直就不可能。

周一早上上班时间，往往是公交车最挤的时候，车里的人以各种奇怪的姿势站着，上半身在这边，下半身在那边，这种时候根本不用扶扶手，不管你的身体重心在哪儿，你都不会摔倒。公交车上人满为患，售货员向准备上车的人嚷道："不要再上了，已经挤不上来了。"这时，车上的一位胖MM突然要在这里下车，她刚迈出车门，只听售票员大声喊道："快，快点，还可以再上三位。"

到了一站，售票员对准备上来的人喊道："别挤了等下一辆吧！"这时，下去一个微胖点的姑娘，她刚挤下车，售票员立刻对门口大喊："都动动，还能再上三位！"

有次我坐公交车，司机停站后该开了，说了一句："关门了啊。"没人答话，于是他就按了关门键，谁知道这时飘来一声女人尖厉的叫声："开门啊！"司机恼了，一脚刹车，把门打开："赶紧下！刚问你怎么不说话？"哪知道并没有人动，这时，车载电视里传出一声尖叫："开门啊！"

其实，对于司机、售票员这种常年待在车上的，发生点尴尬事实在在所难免，可以理解。特别是如果遇上了比较油嘴滑舌的乘客，你也只有气笑的份儿了。

那次我坐车路过前门，上来一哥们儿要买票。

售票员问他："哪儿上的？"

"前门啊!"

"哪儿下?"

这哥们儿眼珠儿一转,说:"我准备从后门下。"

没想到这售票员也不是吃素的,立刻回答道:"坐错车了,没这一站。"

全车爆笑。

开开玩笑无伤大雅,还会给大家带来欢乐,这种"尴尬"属于可爱的尴尬。只是有的时候,难免碰上一些缺德不讲理的,那种"尴尬"就有点儿可恨了。对付这种人,我的办法是:让他更尴尬。

半个月前我有幸"坐"在公交车上,这时上来一位老奶奶,我想学雷锋这么多年了,苦于无用武之地,好不容易匀出个老奶奶来,我能轻易放过吗?于是我立刻起身,想请她过来坐。谁知旁边一没品男如老猿蹿树一般先老奶奶一步把座位占了。把我气够呛,不过已经有别人给老奶奶让座了,我也不好再说什么。

一会儿,没品男手机响了,他拿起手机说:"喂,老婆,我现在不在北京,对对,已经到河北了,哎哟得待两天呢。嗯信号不好,这……"我一看,报复的机会到了,赶忙拿起手机嚷道:"哎我这就快到故宫啦!"没品男一脸怨毒地看着我。说实话,我当时真想给自己鼓掌。

其实,这种人属于好对付的,毕竟作恶是业余的嘛。不过话说回来,就算是专业的,上了公交也不能保证次次得手。阿发跟我说过,有一次他的小侄子生病了,他爸想带着孙子的一包大便去医院化验。怕熏着别人特意拿报纸包了好几层放在兜里。结果在公交车上被偷了。阿发爸到了医院怎么翻都找不着,气得直骂街:"好你个偷大便的,你不得好死你!"

唉,人有失手,马有失蹄,诸葛亮还有个失街亭呢。任你再好的小偷,早晚也得碰着回大便。

刚才说这么多,其实都是为了抛砖引玉,建国才是块美玉。建国坐公交车没几回能不尴尬的,不信我给您细说说。

建国刚来北京,新办了公交卡不太会用。一天上车后站在读卡机旁愣愣地待着,不知道怎么办。司机不耐烦地说:"快读卡,后面等着上呢。"

建国:"哎。市政公交一卡通。"

师傅看他没动,急了:"赶紧读卡呀!"

建国："市政公交一卡通。"雷倒一片。

有天下雨，建国好容易等着了公交，赶紧上去。发现有一个靠窗的座位竟然没人坐！一上车就有座这简直就是低概率事件，于是建国连忙蹭过去，一屁股就坐上了，感觉不太对，屁股凉凉的。糟了，感情座位是湿的，窗户没关溅进雨来了。于是建国就拿背包遮着屁股进公司了。

前台小姑娘一见他就乐了："哟，建国，这怎么还尿了？"

建国赶紧说："嘘，别嚷嚷别嚷嚷，别让他们知道！"

又有一次建国坐车，戴了一顶刚买的迷彩帽，好不容易挤进来，还有半拉脚后跟在车外边。这时司机大喊一声："戴绿帽子那位，再往里挤挤！"于是建国迎来了人生第一次人群的注视。当时他不光帽子绿，连脸都绿了，青翠欲滴。

建国有一次差点儿没挤上，眼看门就要关了，他一边喊"先别关"，一边钻了进来，好容易钻进来了，松了口气就往门上一靠。哪知道刚才司机听见有人喊别关门，又把门给打开了……所以建国还是没上来。

还有一次更惨，他到站牌车刚走，建国追着车喊："师傅，师傅，等我一下！"车没停，车里探出一个脑袋喊："悟空，别追了，等下辆吧！"

像建国这样，等不上车还得被调侃的，我们只能给予深深的同情。不过还好建国是个乐观的孩子，他说了："嘛倒霉不倒霉的，乐呵乐呵行了！"

# 飞机失事前的遗言

　　一架客机在空中平稳运行，机舱内的乘客们都带着一副人间烟火的表情，或懒散，或安闲，或烦躁，或兴奋。他们或者已经习惯了在空中飞来飞去，或者仍在体味第一次坐飞机的兴奋，或者在为即将见到分别多时的恋人而雀跃且焦虑，或者在为下飞机马上要奔赴的谈判现场而厌倦，并享受着这短暂的放空。

　　突然，飞机一阵颠簸，广播里传出这样的声音："抱歉要告诉大家一个不幸的消息，我们的飞机发动机出现故障，无法修复，预计飞机将在十分钟之内炸毁。现在乘务员将为每名乘客免费发放纸笔各一，如有遗言可以写下来。希望大家配合。"

　　配合个鬼啊！居然还强调是"免费"？就是给你钱难道你还有机会花吗？

　　这时，已经有几个年轻人吓哭了，其余的人大部分面如死灰，一位中年女士开始干呕，一位中年男士当场尿失禁。

　　这时，广播的声音再次传来："抱歉告诉大家一个更不幸的消息，两分钟已经过去了，有遗言要交代的乘客请抓紧最后的时间。"

　　乘客无奈，只得提笔写将起来。

　　一位商人写道："告诉长子志华，我死后迅速收购散户手中的公司股份，不然公司控股权和董事长的地位将落入你舅舅手里；弟弟还小，请为他保留百分之三的股份；我的秘书陈小姐是你舅舅那边派来的商业间谍，你一定要控制好她手中掌握的资料，我的建议是立即向她求婚。"

　　一位绝症患者写道："亲爱的父母，请不要为我伤悲，因为我这次旅行，原本就是为了去一个远离家乡的地方结束生命。现在我感到自己死得其所，哪里还能找得着比我现在的位置更远离家乡的呢？"

一位专栏撰稿人写道："亲爱的周刊编辑，很抱歉，这次你无论如何催不到我的稿件了。"

一位诗人写道："我将以炽热的方式亲吻你：天空母亲！"

一位潜藏的恐怖分子写道："我最尊敬的组织：我真不知道这次的行动是算成功还是失败。"

一位丈夫写给妻子："对不起，老婆。直到这一刻我才发现，我最爱的还是你。我承认我有了外遇，事实上我之所以出现在这架飞机上就是陪她去国外买奢侈品的。我终于对你坦诚相告了，你还会爱我吗？"

坐在他旁边的美女写道："对不起，亲爱的。我始终都明白，我的心里只有你。这次好不容易骗到这个傻子，让他带我出国买名牌，本以为回来把那些弱智的奢侈品卖掉能足够我们生活很长一段时间，没想到发生了这样的事。还好她老婆看上了你，我终于可以走得安心一点了。只是一想到要和他死在一起，我的胃里都在翻滚。"

一位即将开学的留学生写道："爸爸妈妈，永别了。你们自己冻着饿着送我出国，我对此充满了感激与愧疚。其实上个学期我考试没有一门及格，已经被学校劝退了。我根本不是读书的材料，也适应不了国外的生活，只是不敢对你们说。现在，我终于解脱了，也许，你们也是。"

一位第三者写道："郭太，对不起，是我抢走了你的老公，破坏了你的家庭，夺走了你的幸福。我为自己的行为而深深地忏悔。现在的一切，我想都是上天给我的报应，我没有什么可抱怨的。我只希望你能转达你的儿子，他才是我唯一爱的人。"

一位吝啬鬼写道："老婆，你现在知道我是多么明智了吗？我在上这架飞机之前为自己买了巨额保险。顺便告诉你，保险书在我们房间的保险柜里，可惜，你知道的，保险柜的钥匙在我的内裤口袋里。不过你不必对此感到遗憾，因为保险的受益人是我自己而不是你。"

一位外逃贪官写给在海外的情妇："妈的都是你催的！"

# 牛人也能够把警察雷倒

平时开车，免不了要与交警打交道。别看他一张罚单就能决定你下半月的生活质量，随便扣点分就让你在驾校的努力付之东流，但还真有牛人，警察都能被他说蒙。

比如有天晚上我在散步，看见警察拦了一辆车。警察一敬礼，拉开车门让司机下来，司机一张大红脸，站都站不稳了。别看醉成这样，照样气势不减，对着警察就嚷嚷："怎么了怎么了，不就喝了五瓶酒吗？不算多！不信你试试，五瓶，你准保没我开得快！你能喝几瓶？说，喝几瓶？兄弟，哥哥不臊你，下次，哥哥带上你！"

警察苦笑一声，没办法，直接拘了。

其实这种人交警见多了，还真不怕这要横的，那怕什么样的呢？

几年前阿发酒后驾车（当时还没规定酒驾要判刑），让警察逮住了。

警察问他："喝酒了？"

阿发当时就酒醒了一大半，赶忙说："没有没有，绝对没有！"

警察耸着鼻子闻了闻："那身上怎么一股酒味儿啊？"

阿发只能承认："喝了一点儿，啤酒。"

警察说："啤酒也是酒啊，怎么说没喝啊？"

阿发反问："那姑娘是娘吗？"

警察："不是啊。"

阿发问："电脑是脑吗？"

警察："不是啊。"

阿发问："蜗牛是牛吗？"

警察："不是啊。"

阿发问："啤酒是酒吗？"

警察："不是啊。"

阿发："这不就结了。"

警察乐了："你这喝了酒思路还挺敏捷，都给我绕进去了，得了，你让我进去一回，我也让你进去一回吧。"

从此以后，阿发再见着街上有纹文身光膀子的，就满脸的不屑：切，这有啥了不起，想当年，老子进过局子！给警察都唬得一愣一愣的！

警察毕竟是国家暴力机关，如果真错了，跟警察硬顶是没有好处的，张公子在这方面就吃过亏。

有一次，路边一辆大奔违章停车了。警察走过来准备开罚单。这时张公子走过去了："哎哎哎，干吗呀干吗呀！你丫是警察就乱贴条儿啊，拿我们这车当电线杆啊？看清楚了，大奔，贴坏了你赔得起吗？"

警察看了他一眼，不理他，继续贴。

阿发急了："怎么着？没听见小爷说话呀？有本事别贴条儿，直接叫拖车拖走！"

警察还真是素质高，没理他，准备走了。

张公子又说了："不理我？知道我爸是谁吗？"

警察平静地说："我不知道，问你妈去。"

张公子把人家叫住了："哎，这怎么说话啊，早知道你们就这两下子，贴个条儿吓唬谁啊？"

警察这次真怒了："你瞎嚷嚷什么？当我不能叫呢？"说着真打电话叫拖车把大奔拖走了。

张公子这下软了："你厉害行了吧，还来真的了。待会儿我告诉车主让他找你们去。"

有一次，经理开车带着他老婆，结果超速让警察追上了。

警察说："对不起，这条路限速四十公里，根据测速，你们刚才的车速已经达到了六十公里。"

经理说："不可能，明明就是四十。"

经理夫人在旁边说话了："明明就是六十，我都看见了。"

经理瞪了其夫人一眼。

警察说："你看，你还没系安全带。"

经理说："我系了，刚给解开了。"

经理夫人又说："你什么时候系安全带了，我怎么没看见。"

经理彻底压不住火了，冲着她大喊："死老娘们儿还不闭嘴！"

警察赶紧劝："哎，她又没说谎干吗骂人啊？"然后又对经理夫人说："他平时也这样吗？"

经理夫人赶快说："平时对我挺好的，就是喝了点儿酒就胡说八道的。"

其实警察也不总是严厉的，有时候也很有幽默感。比如有次交警看见一个赶牛车的老伯，想跟他开个玩笑，说："老伯，你这车怎么没上牌照啊？"

老伯愣了一下："这车还得上牌照？"

"那当然了。"

"那你等着，我这就去上一个。"

交警乐了，牌照是说上就上的吗？看他怎么办。

不一会儿老伯回来了，还真带回来一个牌照，警察一看，差点儿没笑背过气去——牌照是牛 B1726。

虽说交警管的基本都是违反交通法规的，偶尔也得为守法的好公民操回心，比如说我。上次，我正推车（公司的车），警察来了，问我："怎么了先生？车坏了吧？还是没油了？"

我说："那倒不是，我突然发现忘带驾照了。"

然后警察张了张嘴，没说话，我估计他是想表扬我一下，一时没找着对路的词儿。

我回家后对女朋友吹："你看，要是人人像我这样，哪会发生那么多交通事故。"

我女朋友说："那倒是，人人都推车，就算碰了能碰多严重啊。"

还有一次，我不小心把车开到反方向的单程道了，警察同志过来了："先生，这里是单程道。"

我说："我知道，我这就掉头。"

警察说："前面不允许掉头。"

我："那我马上停下来。"

警察："对不起，这里禁止停车。"

我："请问能调直升飞机来把我的车运走吗？"

其实，这些都不算什么，建国的母亲那次才真让警察都捏了把汗。

建国妈妈，已经五十好几了，突然想起了学车，并且还真考下了驾照。这天，非说要带着几个老姐们儿出去玩。结果开得太慢，让警察追上了。

"阿姨您好，您的车开得太慢了，这里限速 40 公里。"

建国妈妈说："可那个路牌上写着 22 啊。"

"那是公路的编号。"警察说："她们怎么都抖啊？"

建国妈妈说："没事没事，她们刚从 117 号公路上下来，还不太适应。"

所以，当个交警也真是不容易，每天面对种种负能量且不说，就上面这几位，哪位也不是一般人能对付得了的。以后开车，还是多留点儿神，没事别给警察同志添麻烦——添了麻烦对您也没好处。

# 如何成为挤公交的高手

　　在上下班高峰挤公交，绝对是斗智又斗勇。每天清早和傍晚，你会看到不同性别、不同重量级、身着不同行头的挤公交比赛的选手，在站牌旁边做着各种热身活动，比赛开始的信号，就是汽车到站的刹车声，只要刹车声响起，他们立刻以最高昂的状态投身战斗，他们知道，如果成功了，那一身臭汗就是你的勋章；作为一枚资深北漂，如果失败了，不光全勤奖泡汤，还得扣钱。

　　对于这个比赛项目，我认为我自己绝对称得上是个中高手，没准儿足够开山立派呢。下面，我将为您讲述一次次奇幻的公交车漂流，告诉你挤公交高手是如何炼成的。

　　首先，与其自己费劲，不如赶上一位负责任的好司机。比如我常坐的线路，有位司机大哥就特别负责任，他说，能让更多的乘客挤上公交车是他最欣慰的事。他不光这样说，也是这样做的。比如昨天，上班高峰，要上车的人太多了，里面人跟人都严丝合缝了，还有四五位没挤上来。要照一般的司机来说，就让他们等下一辆了。可是，这位司机是绝不会看着乘客吭哧吭哧想往上爬就是无处下脚的，于是，他突然一踩油门，车"噌"地就蹿出去了。哎，您可千万别以为他这就走了。只听又是一"噌"，车来了一个急刹车，车里站着的乘客没站稳，全向前倒去。这时，司机大哥赶紧打开了后门，冲着外面大喊："有地方了，快上快上！"如果赶上这样一位负责任的司机，你就不用愁挤不上公交车了。不过，怎么说呢？坐他的车还是多少有点儿不放心。

　　有没有比这位司机更负责任的呢？还真有，前几天我就听说一名售票员为了给乘客腾地方，自己都给挤下去了。

如果没能幸运地赶上这样的司机和乘务员——事实上这种奇葩司机一辈子碰见一回就算是上辈子积了大德了——那么一个机智的朋友也会给你很大帮助。

上次我去阿强家串门，出来的时候正赶上周末人外出回家的高峰。我对出来送我的阿强说："这么多人，下一辆不一定能挤上呢。"阿强怕我赖在他家又蹭一顿饭，赶紧拍着胸脯跟我说："放心，有哥们儿在，咋也不能让你回不了家。"

车来了，果然很难挤上车。我对阿强说："强啊，看来我们还是先去吃饭吧。"阿强拍拍我的肩膀，然后拿过了我的背包。我以为他要带我走，于是跟着他。他走到车门前，找准空隙，把我的背包扔进了车里，然后转过身，云淡风轻地对我说："捡去吧。"我呆了三秒，然后疯子一般地拨开众人，挤进了车里。上车以后，我从各式各样的脚后跟中，刨出了我的背包，从它身体上的鞋印中，我仿佛看到了它所吃的苦，受的罪。阿强这孙子，看来你对我是真爱。

如果你也没有这样的朋友——事实上如果你有，那你能活到现在真是人类文明史上的奇迹——那么如果你的父母把你生得很萌，在挤公交比赛中还是很占优势的。

昨天，车上上来一位看着有八十多的老奶奶，上车爬台阶的时候腰都快弯成直角了，手里还拉着拉杆箱。她走到最近的座位旁边，眨眨眼睛看着坐在上面的小伙子，小伙子忙起身让座，老奶奶边往座位上挪边说："谢谢哦帅哥哥！""帅哥哥"愣了足足五秒钟，说了一句："应该的，美女。"

如果你长得不萌，又没有力气，那么你必须身手敏捷。车一到站，迅速汇入要上车的人群。记住，千万别站到人流最边上，也不要站最后一排，这样，你不用自己挤，因为周围的人会把你"架"上去。

挤公交人挨人，旁边要是个姑娘真是尴尬，手放哪儿都不合适。放上面，万一……放下面，万一……唉，看来只能双手交叉放在自个儿的胸前了，等等，我怎么瞬间成了奥斯卡小金人儿啊？

其实，不用太怕被当作"咸猪手"，真要是"咸"得恰到好处，既不馊又有滋味，没准儿还能帮你呢。坐公交不光挤上来不容易，挤下去也费劲。从前门到后门，其蜿蜒崎岖的程度堪比唐僧师徒的十万八千里，红军战士的两万五千里。下不去怎么办？赶快使用咸猪手，该出手时就出手。闭上眼，随便往哪个姑娘身上一呼，就听一声惨叫："干吗呀你？臭流氓！"紧接着，售票员会板起面孔告诉你：下站就可以下车了。然后周围的人会默默让出一条路，目送你离去。从此，经理再也不用担心我下不来车了。

畅网支招：你一定要提前观察，自己要坐那辆，那么可以在车快要到达站台前冲到车门口，你可以顺着后面的人群把你"架"上去，不过你一定要力气大，要不然后面的人会把你挤出去的。

夏天坐车热是没办法解决了，但是可以支招轻松找到座位哦，要想找到位置，一个最有利的地形是车厢最后。一般公交车最后一排有五个位置，而倒数第二排则是四个位置，这样如果你站在最后，那么就有九个位置的可能性，远远大于车厢前面。另外，上车往后走要一路不停地说："不好意思，我要下车了。"这是车上的人最喜欢听到的话，大家会自觉给你让路，这样你就可快速走到后排。

如果你既没有运气，又没有做咸猪手的胆量，那你如何挤公交呢？在下面的方法中选择适合自己的一款吧！

第一，从总站出发，保证有座位。这种方法成功的关键在于：先设法挤上去总站的公交。

第二，打的上下班，由于有人离工作的地方太远，有时司机都不愿送了，你不得不像坐公交那样倒车。当你坐着宽敞的出租车到家的时候，恭喜你，你这一天又白干了。

第三，自己买辆车，嗯哼，如果你有钱的话。

第四，跑步上下班，一路上你可以思考很多，比如人生的意义，比如你的职业规划，比如为什么只有师父才有白龙马骑。

# 驾照考试让人抓狂

虽然不是人人都有车，但这阻挡不了人类考驾照的热情。考驾照的日子虽然又苦又累，但依然有很多欢乐。

之所以有欢乐，是因为气氛和谐，之所以气氛和谐，是因为教练的宽容乐观。不管我们如何差劲，他总能找到优点鼓励我们。比如他有一次对我们车的一个女生说："你是不是美术学院的？"那个女生说："不是啊，怎么，您看着我的气质像学艺术的吗？"教练说："那倒不是，看你开车，跟画画似的，那轮子左一撇右一撇的。"还有一个哥们儿，学得比较慢，松离合器老掌握不好速度，经常熄火。教练说："你可太有才了。"那哥们儿脸红了，说："哟，教练，你过奖了。"教练说："真没过奖，这练了三趟车，你都熄了七次火了，在我教过的学生里，有如此功力的真不多见呢。"

别看教练总拿我们开玩笑，但是教得认真，他在树下坐着看我们开车，树上一只青虫掉他茶碗里给烫死了他都没看到，就着青虫就把茶喝完了。到了关键时刻教练也真肯出手帮我们。比如练倒杆时驾校模拟考试，临考前一天下雨了，教练怕车打滑，提前在有些地方铺了一层沙子。没想到模拟考当天是个大晴天，地下的水早晾干了，车开在干沙子上反而更滑。于是，我们车里一个个全溜车了。后来别的教练一说起他都是这样的："2 号车的关教练最会教学员了，绝招就是铺沙子。"

有了这么出色的教练，我们学员当然得争气了。

我们车里有一个当厨师的，厨师的体形本来就很可观，粗壮粗壮的，而且大概是天天颠勺的缘故，他左胳膊比右胳膊粗一圈。我有一次跟他开玩笑，说要比赛掰手腕，他瞥了我一眼，笑笑说，就你这样，长得跟小鸡子似的，把你放锅里我能给你颠散了架，到时候把骨头一抽直接就是无骨鸡。胳膊有力气，按说开车是优势。车里的小姑娘们打个方向盘得俩胳膊硬拽，大师傅随便一捻就是一圈半。一次他在练习路考，突然前面拐弯处飞出一辆车，大师傅情急之下拉动手刹——然后手刹就让他给拎下来了。于是，他成了我们教练的骄傲，教练逢人就说："我们这个学员，愣把手刹给拎下来了。"于是后来驾校的累活他全都请他去帮忙了。

还有一位大哥，看上去神采飞扬气质不凡，一问才知道，是干飞行员的。教练心想，这飞机都开得，小汽车还不是小菜一碟，教他肯定不费劲。没想到这位大哥虽然对机械类的东西颇为了解，开起汽车来还真不容易。比如路考前要先报告，这位大哥上来就是："报告考官，各仪表正常，请求起飞。"教练平静地看了他一眼："准许起飞，注意前方两点钟方向高压线。"

上车以后才热闹呢。有一次他开车在马路上，前面有一辆车，教练坐在副驾驶上，说："超车。""明白！"接着这位大哥手上的青筋都暴起来了，就是不见车向左，转向灯也没开。"报告，这车方向盘有问题。""没问题啊，刚才还好好的。""那怎么我往上提，它没反应？"这话把教练都问愣了，半天没反应过来。

同车还有一位小姑娘，人长得挺可爱的，一上车就慌神。她在上车前的汇报也别具一格："报告考官，各部分正常，请求上床。"教练脸都吓绿了："姑娘，咱到驾校是来学技术的，贿考可不行啊！"磕磕绊绊总算上车了，可这位姑娘胆子小，车稍微给点儿油都害怕，开了半天连二档都没上。教练着急了，提醒她踩油门。这一来姑娘更是手忙脚乱："油在哪儿啊？"教练扑哧乐了："前面路口超市啊，菜油、豆油、花生油、橄榄油，什么油都有，可全乎了。"

其实，这姑娘虽然学得慢，真学会了反而掌握得很扎实，后来上车就是十拿九稳了，反而是车里的一个毛头小子，自恃偷开过朋友的车，有点儿经验，处处不按教练的来，让教练很头疼。

刚学车第一天，别人哪儿是刹车哪儿是油门还没弄太清，他就开始上二档了。问题是他的操作很不规范，车速不到上二档的时候，因为车里磨合不好，教练想提醒他加油门，把车速提上来，就提醒说："油！油！"这小子不知道什么意思，教练接着说："油！油！"这小子接道："切可闹！煎饼果子来一套！""下车！"然后他就去写检查了。

虽然平时练得还好，可真到路考的时候，旁边坐着个决定你生死的考官，心理素质稍微差点儿还真不成。

比如那位姑娘，一上车就把安全带插到了副驾驶旁边的插口里，考官看着她说："你不觉得有点儿勒得慌吗？"过路口的时候她对考官说："报告红绿灯，前方有考官，是否直行？"考官彻底无语了。

大师傅在考试中也充分发挥了他力气大的优势。考官要求他在转盘处转一圈然后原路返回，大师傅原路返回后，考官说："不合格。""嘿！怎么不合格啊，这不都给转过来了吗？"考官晕晕乎乎地说："你能数清自己转了多少圈吗？"

毛头小子上车后对着考官一个劲儿傻乐。"你乐什么？""没什么，看着您很亲切。您贵姓啊？""张。""哎哟，我说呢！我死去的姥爷也姓张。"

到我上车了，我觉得我的心脏简直快蹦出来了，大脑充血，手心儿直冒凉汗。上车后半天不知道说什么。

考官说："开始吧。"

"哎，其实您坐这儿我特别紧张。"

"不用紧张，平时怎么来还怎么来就行。"

"对，他们都是这么对我说的。"

"就是嘛，你就当我没坐这儿。"

"对，他们也是这么说的。他们说你就当旁边坐着的是一京巴儿。"

后来据说，这辆车就我一个人过了。消息的真实性我没考察过，因为考完以后他们就都不理我了。

# 以后我们这样坐飞机

像我这样的小镇青年，小时候没坐过飞机，工作后因为做销售，才开始比较频繁地乘坐飞机。在飞机上，人们难免紧张，再加上很多人是第一次坐飞机，所以经常有好玩的事情发生。

上次和建国一起坐飞机，他对我说："坐飞机，我最享受的就是起飞前的时刻。"

我问："是因为既紧张又期待吗？"

建国说："那倒不是。因为起飞前都要广播'××航班的飞机就要起飞了，请乘客马上登机（登基）'，这时我总有一种君临天下的感觉。"

上飞机后，有空姐售卖各种化妆品，是拿POS机收费的。建国问我："哥们儿，这是什么情况，怎么飞机上还补票啊？"

我也愣了："是啊，没看见谁中途上来啊。"

最欢乐的还是那次跟经理坐飞机，我本来以为和领导在一起会很无趣，没想到经理是如此活泼。飞机刚起飞，他上了趟厕所，然后带着马桶圈就回来了，还在机舱里嚷嚷："快看快看，厕所里有餐巾，一会儿吃饭的时候就不会弄到衬衣上了。"

哼，有这么没见过世面的吗？我简直都不愿搭理他了，于是我昂着头，高傲地对他说："哦，是吗是吗？我怎么都没发现，快告诉我在哪儿，我也去弄一个！"唉，没办法，你总不能告诉他实话吧。

一会儿，空姐推着一箱饮料出来了，走到经理身边，问："先生您好，请问需要饮料吗？"经理忙说："不需要不需要。"接着我要了一杯咖啡。经理悄悄对我说："省着点儿，万一公司不给报呢。"空姐听到了，微笑着解释："我们的饮料是免费的。""嘛？免费？"经理问我："真免费？""是免费。"经理转过头对空姐说："那给我一杯果汁，一杯可乐，一杯咖啡，一杯矿泉水，对了，"经理掏出杯子，"给我往这里头灌点儿豆浆，我明天早上喝。"

一会儿经理又不消停了，非要开手机打电话。我跟他说不能打电话，他偏不听："怎么不能啊？我的手机你管得着吗？"一会儿空姐来了，严肃地对他说："这位乘客，不好意思，不可以在手机上打飞机。"我当时冷汗狂冒，这位姐姐，我们经理虽然是第一次坐飞机不太懂，人又比较横，可也还没那么凶残啊。

其实，像这种空乘人员出现口误的情况，在飞机上非常常见。比如有一次起飞前，机舱里传来这样的广播："女士们、先生们，我们的飞机就要起飞了，请您坐在跑道上，系好安全带。"

还有一次，估计是空姐惦记着去宣武门呢，在飞机上广播："女士们、先生们，我们的飞机马上就要到达宣武门机场了……"旁边一个老大爷直犯嘀咕："这么多年没去了，宣武门都改成机场了。"

听阿发讲，有一次，飞机快落地了，空姐广播："乘客们，我们的飞机还在滑行，请您不要离开座位……"没想到念成了："乘客们，我们的飞机滑得还行……"这时机长说话了："谁夸我呢？"

有时候，乘客和空乘人员的沟通也会出现误会。比如有一次，一个福建的哥们儿请了个妈祖的神像回家，怕把妈祖放腿上、搁行李架上、托运了对妈祖娘娘不敬，就给神像也买了一张票。没想到，该起飞时飞机却迟迟不动，正当大家都纳闷儿时，空姐的广播传来："林默娘女士，林默娘女士，听到广播后请赶快登机，飞机马上就要起飞了。林默娘女士……"

常坐飞机的人知道，飞机在降落前要进行签封，就是把食品物品等整理后封存。一次飞机马上就要落地了，一名乘客要可乐，空姐说："不好意思，我们已经封了。"乘客听后大愕："我就是要杯可乐，你们就要疯（封）了？"

还有一次，飞机飞经鄱阳湖上空，乘客通过飞机的窗子可以看到湖，一名乘客问端着咖啡壶经过的空姐："请问，这是什么湖？"空姐微笑着说："这是咖啡壶（湖）。"周围的乘客大笑不止。

还有一回和阿发坐飞机，空姐问："我们准备了牛和鱼，请问您要哪一种？"

阿发说："我要牛河吧。"

空姐说："是牛，和鱼。"

阿发接着说："那我就要河鱼吧。"

空姐说："是牛，和，鱼。"

阿发急了："都没有你还问什么问啊？"

上个月坐飞机，起飞的时候轰鸣声太大了，一个空姐对旁边另一个空姐说："看那个乘客啊，就那个胖胖的男的，鼻毛都露出来了。"另一个没听清："什么？大点声听不见！""我说，那个胖子的鼻毛都露出来了！""还是听不见！"只见那个胖子起身走到他们身旁说："小姐，她说的是，我的鼻毛都露出来了。"结果这俩空姐一直鞠躬道歉，赔了一路笑脸。

当然，坐飞机不光有笑料，也有危险的情况出现。阿强坐飞机，正在平稳运行时，广播声传来了："各位乘客，我是你们的机长，首先欢迎大家乘坐我们的航班。下面我有一个重要的消息要告诉大家，啊……"广播戛然而止。紧接着机舱里就炸了锅。"怎么了，这是怎么了，出事儿了？"周围人声嘈杂。阿强经验丰富，当然不会像他们那么慌乱了，他坐着一动不动。随后广播又开始了："不好意思，刚刚出现了一点儿小小的意外，乘务员把咖啡撒到我的衬衫上了，不信你们可以来驾驶舱看看，半边身子都湿了。"乘客们松了一口气。坐在阿强旁边的乘客对他说："哥们儿，你可真镇定，一定是见过大世面的。"这时只见阿强腮帮子动了动，然后大喊："你就湿一衬衫，你来看看我裤裆都成什么样了！"

糗事一箩筐

—— 第九章 ——

# 网络太糗录

# 某网民的经典年终总结

2012 年，是伟大的一年，光辉的一年，不平凡的一年。2012 年，有痛苦，有喜悦，有挫折，有成长。2012 年，随着我与网络的相守日久，了解加深，我更加坚定了与网络厮守一生的决心。

第一，工作方面。

工作时间被老板发现打游戏 32 次，聊 QQ29 次。罚款共计 8900 元。比去年同期下降 23.4％。这充分显示了我对老板即时定位技术的显著提高。今后应再接再厉，争取在下一年取得质的突破。

在撰写报告时，把"女生"写成"ＭＭ"5 次，把行政部英子写成"亲"两次。比去年同期下降 67.5％。取得这一成绩，其主要原因在于我的严谨认真，次要原因在于老板看了我去年的表现，已经很少把写报告的任务交给我了。

第二，家庭方面。

和老婆亲密互动次数由去年的一月两次降至两月一次，目前已降至历史最低点，预计明年将再创新低。

陪孩子的时间降至每天 20 分钟，下降的主要原因在于，我把吃晚饭的地点改到了卧室电脑旁。

本年家庭方面有两大亮点。

其一在于，未出现一次做饭把锅烧干甚至损坏的情况。这主要是因为老婆已经不再要求我做饭烧水了。

其二在于，孩子更加懂事，再也没有把他的熊孩子朋友带回家里过，也很少来烦我了。事实上，他好像已经不太记得我是他的爸爸了。

第三，身体方面。

在未进行任何体育锻炼的情况下，本人体重增重 6 公斤，腰围增加 1.5 寸。增幅与去年持平。然而，去年我仍在坚持每周 2 小时篮球运动。实践充分说明，体育锻炼对减肥是不起作用的。今后，我将继续优化时间分配，不再把时间用于这种无意义的事情上。

另外，今年眼睛度数左眼上升 200 度，右眼上升 180 度，并伴有轻度的神经衰弱症状。医生说，这是用眼过度和长期睡眠不足造成的。

历史的经验告诉我，网络经验的提升和身体素质的下降是一组不可调和的矛盾，必须坚持对身体的斗争不放松，坚持对网络的信念不动摇，把有限的青春投入到无限的网络世界中去。

第四，社交方面。

这一年加入 13 个群，成为 13 个贴吧的会员，并成为一个贴吧的吧主。新加好友 108 位，其中有 105 位美眉，加上之前的储蓄，目前已集齐美眉 1005 枚，发誓集齐 3000 枚佳丽的目标已实现三分之一，三步走战略——在 21 世纪的第二个 10 年集齐美眉 1000 枚，在 21 世纪中叶集齐 2000 枚，在生命结束前凑齐 3000 枚——的第一步已提前完成。

取得突破性进展的是，在这些美眉中，我成功与 13 位网恋，其中有 3 位超过 3 天。在与所有的美眉聊天中，她们给我拥抱 45 次，亲亲 18 次，么么哒 23 次。另外，我还召见了其中 7 位，并分别给她们每一个人拟定了封号，老实说，她们都不如我老婆好看，她们也没有一个觉得我好看。

总结我这一年的收获，主要在以下方面：

第一，培养了交际能力。

以前，和女生说一句话我都结巴，现在，在街上看见好看的女孩，我都能十分勇敢地上去自我介绍："美眉你好，我叫张无忌，身高 180，体重 120，30 岁，在 500 强公司任销售总监，平时开玛莎蒂尼。"

这时，她们都会巧笑倩兮，温柔地对我说："小子，你以为现在是在网上吗？"

第二，丰富了情感。

　　自从有了网络，我就成了一头情圣。对老婆不好意思说的话，在网上我都说出口了，说得无比熟练、无比自然，甚至无比真诚。

　　第三，锻炼了领导能力。

　　从小到大，我唯一担任过的领导职务就是值日组组长，不过是被老师罚值日，全组就我一个人。我唯一能领导的人，就是我儿子，不过他对我并不信服，我对领导他，也没太大兴趣。

　　然而在网上，我是一个贴吧的吧主，我可以随心所欲发表言论，想删谁删谁，想黑谁黑谁。被我删过的贴，连起来可绕地球三圈。

　　我对下一年的展望：

　　第一，争取把一段网恋坚持一周以上。

　　第二，在电脑上安装一个提示软件，防止老婆不在（估计不久之后她会永远从我身边消失）的时候再次把锅烧干。

# 居然把老婆电脑没收了

男人打游戏可怕，女人如果迷起网络来更是了不得。时至今日，我常常会想起一年前女朋友生日的那个晚上。我在西餐厅订了一个座位，请她吃烛光晚餐，然后送给她我用从牙缝里挤出来的钱买的新款笔记本电脑。她接过礼物，温柔地看着我，笑靥如花。在此之前，我们家里只有一台台式机，都是我打游戏，她打我。在此之后，她再没有正眼瞧过我一眼。

从此以后，她再也不化妆，甚至不梳洗了。不管上班还是在家，都是蓬着头发、黑着眼圈，有时是敷着面膜。她把淘宝设置成主页，每天在各式衣裙鞋帽、纷纷纱纱、口红眼影、包包手表中游泳，她最喜欢的运动，就是把看中的货物搬进购物车。她的银行卡上的钱，再没有出现过四位数。她每次买衣服，都问我："老公你看我穿这个裙子好不好看这双鞋子超美的这个包包今年最流行了……"然后无视我的回答。每次收到快递，她都极其熟练地撕开一层层的胶带，把包装袋随便扔在什么地方，仔细地端详这次的收获，但她端详的全部目的在于决定到底是给好评还是给差评。她说："亲爱的，周日我们去逛街吧，我就穿这件，你肯定倍儿有面儿。"问题是，每个周末她又坐在了电脑前，直至夕阳西下，我的周一综合症再度发作。

从此以后，她对我完全无视，再也不会趴在我身上撒娇，再也不会缠着我一起看电影，再也不会在一起看碟时往我嘴里塞薯片，更别提做家务了。有一次，我问她："宝贝，我的钥匙不见了，能帮我找找吗？"她咕哝着说："哦，等下哦。"然后点击"开始"，点击"搜索"，点击"文件或文件夹"，输入"钥匙"……

还有一次，我把一份重要文件放在家里了，马上要用，只好让她送到我公司来。我给她打电话："宝贝，我有个文件落到家里了，就在书桌上，蓝色的文件夹，能帮我送过来吗？"她说："哦，好的，看见了，发到你哪个邮箱啊？QQ邮箱行吗？"

从此以后，她再也不和以前那些亲密无间的姐妹淘煲电话粥了，即使有交流，也只会通过手指进行。她们一起去吃饭，然后各自埋头玩手机、摆弄平板电脑，发一张照片"今天和姐妹一起喝下午茶，好惬意。"然后通过一条条评论与转发聊天。

从此以后，她再也没有像以前那样，主动关心过我的家人。每次我家里打电话问起她，我只好说："她最近工作太忙了，过一段时间一起回家去看你们。"一次，我二舅家里养的鸡死了两只，二舅担心有传染病，打电话来问我们认不认识这方面的专家。她在电话里耐心地安慰我的二舅说："二舅啊，别着急，不就是'死鸡'嘛，你关机重启一下试试？实在不行拿到镇上去修一修嘛。"

从此以后，她再也没有关心过家里缺什么。以前，采购的事都是她负责的，她也乐在其中，对逛各种日用品小店兴趣盎然，对那些精致美丽，有如工艺品的家居用品爱不释手。现在，她只在网上关注家居品信息，然后幻想三秒钟。前几天，家里的盘子打碎了两个，我让她下班顺便买两个回来，她说："我下班去电子城要绕很远的路的，不如就在网上买好了，是硬盘坏了还是U盘坏了？这两天京东正打折呢。"

从此以后，在她的世界里，表达对一个人的感激、喜爱、欣赏、钦佩的方式只有一种，就是——在微博上关注他并加他为QQ好友。前几天，我们在阳台晾的一件衣服在开窗时掉到了楼下，楼下正好有一个小男孩，帮忙捡起送了上来。她接过衣服，笑眯眯地说："小弟弟，谢谢你，我加你QQ吧，快把号告诉我。"小男孩眨了眨眼说："对不起，我不和20岁以上的老女人聊天。"她说："没事，我在QQ上是1995年的。"

于是，我愤然没收了她的电脑。果然，没收之后，我腰不酸了背不疼了，过去的女朋友又回来了，她每天趴在我身上对我撒娇，要我陪她一起逛街看电影，每天给我妈打电话让她注意身体，把家里打扫得一尘不染。但是，我现在并没有时间太关注她，我太忙了——每天要打游戏看玄幻和美女聊天，不过这电脑是真好用啊！

# 网络游戏比天大

大多数男人永远无法明白，衣服对于女人意味着什么；就如同大多数女人永远无法明白，网络游戏对于男人意味着什么。

比如，小慧就无法明白，游戏对他男朋友来说，是不是全世界最重要的事。但小慧明白，不管是不是最重要，总之比她自己要重要一百倍。

在小慧和他男朋友刚刚通过相亲确立关系时，她觉得他是温柔的，体贴的，细致的，有责任感的（此处省略一万字），总之是完美的，百里挑一的。一段时间之后，小慧明白，他的男朋友的确是完美的恋人，只是另一半是——网络游戏。

晚上九点，小慧对他男朋友说："亲爱的，我们去逛夜市好不好？好想吃小馄饨啊。"

她男朋友："等我下个副本啊。"

半个小时后，小慧："哎哟我肚子疼，怎么办啊？"

"哦，那就不去了吧。"

哎，这是重点吗？我肚子疼难道就这么疼着吗？怎奈小慧的男朋友盘坐在电脑前，坚如磐石。

小慧去洗了个澡，换上昨天刚买的性感内衣，走出来嗲声嗲气地说："亲爱的，快帮我看一下，后面的肩带是不是坏了？"

小慧男朋友五秒钟之后瞟了一眼："没坏。"继续打游戏。

小慧气急，拿起浴巾就向他男朋友头上扔去。他男朋友这下终于有反应了："你干吗呀！把我眼挡住了都，万一我死这儿了怎么办？"

小慧哼了一声："你不死我也是守活寡。"

半个小时又过去了，小慧心灰意冷。这时，电话响了，一看是经理。

小慧接起电话，听到那边说："小慧啊，我让你写的报告完成了吗？明天我开会要用的。"

小慧突然计上心来，捏着电话，娇嗔道："哎呀死鬼，天天打电话，今天又有什么事啊？啊？吃饭？哎呀明天没空儿啊，后天你看好不好？"

只听他男朋友冷笑一声："你就别装了，手机扬声器都没关，我都听见了。"

第二天早上，小慧男朋友找她要钱买早点，小慧给了他20块。他男朋友说："才20G，这够干吗的？连头发都买不起啊，起码也得7000吧。"于是，小慧一分钱都没有给他。

小慧黔驴技穷，只得缴械投降。第二天上班，对我们抱怨道："你说，要是有一天什么DOTA、LOL、WOW都消失了，有的都是女人爱玩的游戏该多好。让我男朋友天天抱怨，妈的，就知道玩游戏，游戏难道比老子还重要吗？"

苏西长叹一声："唉，我和我大学的男朋友就是因为这个分手的。要是有个男人能在打DOTA的时候回你短信，那真该二话不说就嫁给他。"

阿发笑了："哼，他肯定只是在等待复活而已。"

阿能不干了："阿发，你这么说可就不对了，别以为所有男人都像你一样沉迷网络游戏，好男人还是有的。其实，好男人并不是不打游戏，而是即使在打游戏的时候，也不会忘了你、冷落你。就算多么紧张，你一个短信、一个电话，还是能够轻而易举地转移他的全部注意力。这种好男人，就是传说中的'猪一般的队友'。"

阿发接着说："你们女的也是，就许你们逛街买衣服，怎么就不许我们打游戏了？你男朋友认识你才多长时间，他认识游戏多长时间了，他要是连游戏都能不打，证明他太绝情，这样的男人能跟吗？"

阿能说："就是，我们小学没毕业，就与游戏结缘，那时候，我爸我妈帮我装书包，我都要嘱咐他们，别装太满，不然会爆。初中体育测评我跑步不及格，老师问我怎么回事，我都告诉他，因为太卡了。连我奶奶有一次供血困难，我都想着怎么给她买一套新装备。"

阿发也说："我当初也因为这个，没少挨我爸呲。有一次，我爸在QQ上给我留了很长的一段言，内容特别感人，当时我就知错了，后来消停了好长时间呢。"

小慧说："他是怎么说的？"

阿发说："他说，'昨天你们老师又跟我告状了，说你逃学去打游戏。你这个星期已经不止一次了，孩子，你再这样下去真的毁了，现在正是读书的时候，你不学习，将来再也不会有机会。这是做父亲的对你的告诫，并且，我正式通知你，如果你再犯一次，我立刻把你踢出公会。'于是，为了保住在公会的位置，我直到那次期末考试，都没再摸过游戏。"

# 校内的人太有才了

相信几乎所有的 80 后、90 后都有过玩校内的经历。校内上那些牛人的状态，不知给我们带来了多少欢笑和话题。每当看到那些笑话，总能想起当年单纯而美好的学生时代。

考试篇

学生离不开考试，中学时代，考试几乎是我们生活的头等大事，而在大学，虽然生活更为丰富，可能性更多，但考试带给我们的紧张感，至今想想，仍忍俊不禁。校内的牛人们，当然不会忘记拿考试来调侃一番。

有一次历史考试的第一题是这样的：

谁开了黄花岗起义的第一枪？ A．宋教仁 B．孙中山 C．黄兴 D．徐锡麟

考生一想，黄花岗起义是黄兴直接领导的，于是选 C。

第二题：

谁开了黄花岗起义的第二枪？ A．宋教仁 B．孙中山 C．黄兴 D．徐锡麟

考生有点儿慌神，没听说过有这么问的啊，没办法，只有蒙一个，B。

第三题：

谁开了黄花岗起义的第三枪？ A．宋教仁 B．孙中山 C．黄兴 D．徐锡麟

考生简直想拍桌子了——什么意思？跑这儿三枪拍案惊奇来了？索性蒙到底，A。

考试结束后，考生去问老师："老师，前三道题是不是出错了？我可不记得课本上把前三枪是谁开的都列出来了。"

老师淡定地打开课本："黄兴连开三枪，揭开了黄花岗起义的序幕。"

大学里一个永恒的话题，就是过英语四六级。不少学生对于把四六级成绩与毕业证挂钩颇有微词，凭什么英语不好就不能毕业了？这公平吗？也没听说过老外要过中文四六级啊。于是就有牛人这样想了：

等中国成为第一强国了，让老外也尝尝考中文四六级的滋味。阅读就考文言文，主观题全部毛笔作答，听力全用周杰伦的歌，作文写骈文，口试通通背唐诗！

大学里学生基本都是从考前一周开始疯狂复习的，平时懒懒散散，到了这个时候，难免不习惯，明知该去上自习，偏偏想多睡一会儿，或多玩一场游戏。但这也不能全归咎于学生懒惰，我们也有我们的苦衷嘛，有个牛人的话充分说出了我们的心声：

祖国尚未统一，哪有心情复习？

这大概是我们能为民族统一做出的最大贡献了吧。

学习篇

大学，不管你选择了哪个专业，只要用心钻研，一定都能感受到这门科学的美丽。不同专业的牛人用这个专业的眼光去考量生活，也往往提供不一样的视角。

历史系：

中国历史上最牛逼的皇帝，不是秦始皇、汉武帝、唐太宗、康熙帝，而是唐中宗李显。因为他自己是皇帝，他父亲是皇帝，他母亲是皇帝，他弟弟是皇帝，他儿子是皇帝，他侄子是皇帝。于是，历史给予他一个荣耀的名称——六位帝皇丸。

哲学系：

我终于知道苏格拉底为什么会死了。因为他永远叨逼叨叨逼叨，永无止境地问"为什么"，后来希腊人民受不了了，集体投票把他投死了，从此社会和谐。

化学系：

一女生被男朋友甩之后气急败坏地给他打电话："我们刚开始时，你说我是你的氧气，没多久你就把我当成了二氧化碳，现在，我变成了你的一氧化碳。你到底凭什么甩我，给我说清楚了！"

社会学系：

今天在课堂上老师这样说："同学们，根据最新的社会调查，成功人士平均比配偶大十二岁。所以现在找不着女朋友的男同学不用着急，你们未来的老婆现在应该还在小学蹦跶呢。现在已经找着女朋友的男同学不要得意，你们养的很可能是别人的老婆。"

娱乐篇

谁都知道，大学男生生活以打游戏为主，女生生活以看电视剧为主。别以为这代表着我们玩物丧志，要知道，从游戏和电视剧中，我们可以得到很多人生启迪呢。

比如，一位牛人从几部热播电视剧中，预见了自己的人生轨迹：

刚进大学，我们怀揣着希望看了《奋斗》；我们踌躇满志时，又看了《我的青春谁做主》；正当我们憧憬未来，准备大干一场时，《蜗居》把我们全部拍死在沙滩上；绝望之中，《2012》上映，我们顿时豁然开朗，有没有房有什么要紧，反正迟早要塌的！

对于男生来说，游戏简直比天大，于是，我们看到了这样的签名：

兄弟们千万别不带我玩，女朋友叫我不是我的错啊，等我去分个手，马上就回来！

哎，都到这个地步了，再不带他玩简直是天理不容了吧。

恋爱篇

有人说："恋爱，是大学的必修课，重要程度堪比马原毛概。"校内上的牛人们，怎么会漏掉这一重要话题呢？不管是恋爱的，还是耍单的，都是他们调侃的重要对象。

光棍节快到了，不少人在校内上祈求脱单，于是，一牛人用普罗米修斯盗圣火的精神，向光棍们泄露了"如何成功摆脱光棍状态"这一科学未解之谜的答案：

同学们，还在为要欢庆光棍节而烦恼吗？据说，在光棍节前一天偷出食堂筷子一双可迅速脱单。加油啊，我只能帮你们到这里了。

据说，光棍节前一天到食堂吃饭有点儿晚的同学纷纷抱怨用手吃饭感觉味道比以往咸了很多。

对于众多学院派土肥圆因找不到女朋友而灰心丧气的情况，有牛人用科学数据对他们进行了深入心灵的激励：

目前，中国人口男女比例为 116.9：100，因此男同胞们务必努力，不然你就是那"16.9"，女同胞们更须努力，不然那"16.9"都不要你！

如今，早已离开校园的我们，刷微博、玩微信、聊 QQ、上 MSN，但当看到"人人网犹在"这样的标题时，心里仍会微微发颤，毕竟那是记录了我们青春的地方。

# 笑翻你的牛人回帖

总有一些温暖，让你泪流满面；总有一些善良，让你忘记艰难；总有一些信念，让你甘冒艰险；总有一些回帖，不容分说地毁你三观。

本人特意从这么多年来逛各种论坛贴吧微博的经历中，撷取精华，只为博君一笑。

有一丑男发了张自己的照片到贴吧上，问："我长得是不是很像伍佰？"

回帖："有一半像伍佰。"

明星跳水节目热播时，有人问："求科普，为什么跳水时男运动员的泳裤不会被水冲掉？"

回帖："跳水运动员的训练主要集中在两大方面：压水花和夹裤衩。"

这人发帖后，后面纷纷跟帖。

一楼："楼主太有才了！"

二楼："卧槽简直是天才！"

三楼："有道理啊有道理，膜拜！"

四楼："最喜欢油菜的男生了，求交往！"

五楼："楼主自己顶自己好歹也换个 ID 好吗？这样是不是对我们的智商太不尊重了？"

一中学班主任发帖："班里有一个学生，成绩年年倒数第一，经常打架，还打过批评了他两句的任课老师。可是此生是关系户，校长说他的评语要好好写，请问怎么才能不违背良心又不得罪领导啊？"

回帖："该生成绩稳定，动手能力尤为突出。"

一人问："如果在公交车上睡着了，请问醒来后第一件事你会想到什么？"

回帖："我已经到天堂了吗？（我是公交车司机）"

问："有两个女同事喜欢上你了，她们一个长得漂亮，家里有钱，另一个温柔甜美，善解人意，请问你会怎么选择？"

回帖："我选择先把家里那个离了。"

某女孩问："失恋了，可总是想到他，每天都想掉眼泪，但又不想让别人看见，我该怎么办？"

回帖："哭之前把别人眼睛蒙上。"

童话吧某帖这样问："为什么巫婆都要骑一把扫帚呢？骑一条板凳不是更舒服吗？"

回帖："你知道，欧洲的中世纪是很黑暗的，我是说，那时候被指控为巫婆是要被火烧死的，我的意思是……骑扫帚一旦被发现可以立刻伪装成清洁工。"

某技术论坛有人发帖："我的显示器画面不停地抖动，振幅不大且很均匀，各位大仙，怎么破？"

回帖："你也不停地抖动，且努力和显示器抖动频率相一致，当你们的抖动同步时，你就感觉不到它的抖动了。"

开心网有人问："玩开心网，你偷到的最值钱的东西是什么？"

回帖："网吧的鼠标垫一个。"

某头像屌丝儿的哥们儿这样说："昨天和女朋友做床上运动的时候，她居然叫了别人的名字！"

回帖："证明你上了别人的女人啊，你还有什么可抱怨的？"

某汽车贴吧里有人问："500 万的预算，私家车，主要是我和 20 岁的老婆开，她是做模特的，请问哪款车更适合我们？"

回帖："买 5000 辆自行车，雇 5000 个司机，出门在你们前面开路，一会儿排成个 S，一会儿排成个 B。"

微博上有人发照片，一个裂开的碗里放着一个方便面面饼，说："准备泡泡面，把面饼往下压了压，结果……"

评论："怎么？诺基亚也开始出泡面了吗？"

某心灵鸡汤式微博发了一张经典爱情片的图，问："你为哪部电影流过泪？"

有人评论："《午夜凶铃》。"

有人微博发关于俄罗斯大选的照片，在就职日，普京佩戴红色领带，而梅德韦杰夫佩戴蓝色，胜利日，则是普蓝梅红。有人评论道："确定不是早起时拿错了吗？"这真是一个基情燃烧的年代啊。

房产大佬潘石屹发了一张自己在吹泡泡，摄影师在拍照的图片，配文说："上海一媒体让我吹泡泡。"某媒体转发并评论说："泡沫就是被这帮 sb 吹出来的。"

伦敦奥运会上 16 岁的叶诗文夺冠后，很多国外媒体表示质疑。澳大利亚某频道的记者在报道时，居然说叶诗文尿检结果呈阴性只能说明当前的技术存在不足。此言一出，网民愤慨不已。某网民回帖称："国外的无良媒体也太无耻了，要是有这样逆天的药，我们早就给国足吃了！"不得不说，的确很有说服力啊。

经常有微博网络促销，会让网友转发微博并艾特三位好友，于是，某大神转发了微博并默默地"@ 三位好友"……

不得不说，回帖还真是个高智商的智力游戏啊。

电脑遭遇黑客，无疑是件郁闷的事——除非你是一个电脑小白。黑客与小白之间，往往会建立起不同寻常的情感，不信你看。

被黑客控制电脑

版本一

黑客："我已经控制了你的电脑。"

小白："是吗？你是怎么做到的？"

黑客："木马。"

小白："木马？在哪里？没有看到啊。"

黑客："请打开任务管理器。"

小白："'我的电脑'里没有什么任务管理器啊。"

黑客："好吧，当我没有出现过。"

版本二

黑客："我已经控制了你的电脑。"

小白："是吗？那太好了，帮我杀杀毒吧，最好重装一下系统，最近电脑总出问题。"

黑客："你也太蔑视一个黑客的职业操守了吧！好吧，当我没出现过。"

小白们的问题

问题一

小白："为什么你随随便便可以控制我的电脑？"

黑客："你也可以不让我控制。"

小白："……怎么做？"

黑客："防火墙。"

小白："有了防火墙你一定就不能控制我的电脑了吗？快告诉我怎么装。"

黑客："当然不是了，我只是想让过程更加曲折一些，以增加我的成就感。黑客的职业技能也需要在实践中不断提升的。"

问题二

小白："你是黑客，那么你应该会制造病毒咯？"

黑客："是啊。"

小白："你也可以控制别人的电脑？"

黑客："你以为我现在在做什么？"

小白："那你岂不是可以把一些网站给黑掉了？"

黑客："当然，要不然怎么叫'黑客'呢。"

小白："哦，原来是这个原因啊，我还以为是你人长得黑……"

黑客："能给我们留点儿尊严吗？"

于是黑客与小白之间开始了长期而深入的交流。

黑客："嗨，白白，我又来了。"

小白："天天来你真的很烦啊。"

黑客："没办法，谁让你的电脑是我见过的最烂的呢。"

小白："胡说！据说这款电脑性能很好的，价钱也很贵呢。"

黑客："再好的性能在你这里都浪费了，你的电脑里，除了弱智游戏，就只剩下病毒了。居然还玩连连看，真为你的智商捉鸡。"

小白："是吗？你看到我的连连看啦！太好了，快告诉我它在哪儿！这两天我正愁找不着了，又不会下载新的。有黑客做朋友就是好！"

黑客："再见！"

黑客几天没来，小白非常想念。终于有一天，黑客回来了。

黑客："嗨，我来了。"

小白："你好久没来找我了，该不会是攻不破我的防火墙吧？"

黑客："切，你的防火墙对我来说就像空气。"

小白："你这次是回来干吗呢？不会就是想和我聊天吧？"

黑客："那倒不是，我是有任务的。要在你这里找点儿东西。"

小白："是吗？想不到堂堂黑客要在我这里找东西，我就说我电脑很高级的吧！"

黑客："你想多了，我要找一款病毒，这款病毒太老了，别人的电脑上都没有，只好到你这里来了，就你这儿最全。"

小白："那你慢慢找……想请你帮个忙可以吗？"

黑客："说吧。"

小白："听说黑客可以修改数据。"

黑客："你想修改什么数据，我给你改。"

小白："太好了！我就知道你准行！能帮我改下这个月水电费的数据吗？我现在穷啊，呜呜呜，都交不起水电费了。"

黑客："这个……臣妾真的做不到啊……"

随着交往的不断加深，小白对黑客越来越好奇。

小白："听说你真的很厉害。"

黑客："还好吧，我很低调的。"

小白："厉害到什么程度呢？"

黑客："这么说吧，我很难找到黑不了的电脑，有时候太无聊，只好自己黑自己。"

小白："自己黑自己？我也经常这样呢。"

黑客："What？你会自己黑自己？"

小白："对啊，我一关机，我的电脑就黑了，哈哈！难道这很厉害吗？"

黑客："滚粗啊！"

不知不觉，黑客开始变得喜欢"管"小白。

黑客："喂，你桌面上东西也太多了吧。"

小白："这些都是经常要用的啊。"

黑客："那个电影你也经常要用？"

小白："那个好感人的呜呜呜。"

黑客："你这样运行速度不会很慢吗？"

小白："对啊对啊，而且经常告诉我 C 盘空间不足。这你都知道，那要怎么办呢？"

黑客："你……让一个黑客……回答这样的问题……真是对他的……羞辱……"

后来，他们在一起了。有一天，一个陌生人来与黑客搭讪。

陌生人："嗨，黑黑！"

黑客："本人已死，有事烧纸。"

陌生人："我可是位大美女，对美女不许这么没礼貌！"

黑客："弱水三千，我只取一瓢。你是美女，但我已经有了我的小白。"

陌生人："她有什么好？长得一般，还那么笨。"

黑客："但她在我心中是最好最美的！"

陌生人："那……就算了吧。"

黑客心中暗笑："小样儿，要冒充陌生人来考验我，好歹也换个 IP 吧。"

糗事一箩筐

———————— 第十章 ————————

# 黑色幽默录

# 中了500万之后的生活

　　这年头儿，都得有个业余爱好。有爱唱歌的，有爱画画的，有爱看书的，有爱电影的，不过这些爱好都太费钱了，显然并不适合我。但我的爱好，比这些都更丰富、更有趣、更能激发我对生活的热爱和对未来的憧憬，那就是——思考我中了500万之后该怎么花。

　　说实话，这项爱好绝对是高智商者的游戏，没有丰富的想象力你根本坚持不下去。

　　我对此问题的思考，也是逐渐深入的。最开始，我只限于就眼前事物展开联想。看见一套组合音响，好嘞，等中了500万，这就是我的；看见一个数码相机，好嘞，等中了500万，这就是我的；看见一个笔记本，好嘞，等中了500万，这就是我的，什么？20块，这还叫钱？硬皮儿软皮儿各来一本！

　　此项活动如果双人同时进行，则效果更佳；如果是男女双修，功力立马高三成。我和我女朋友，为了早日练到最高层，几乎把所有的时间都用来进行此项修炼，甚至达到了废寝忘食的程度。

　　每天晚上我们躺在床上，我会在她耳边轻轻地说："亲爱的，准备好了吗？"

　　她微微一笑，小脸兴奋地涨得粉红："嗯，开始吧。"

　　"那我可就不客气啦！"我坏笑一下："等中了500万，以后坐公交咱也投币了！"

　　她说："没气魄，都中了500万了，咱还在乎钱吗？买公交卡！充它个10万块钱的。"

　　我接着说："还说我没气魄，你能强哪儿去？天天打的！"

她说："打的多不带劲，咱不能自己买车吗？就买限量版的，那叫啥来着，保时捷，一人一辆，就要最贵的！"

我说："那……500万还真不一定够。"

她说："是吗？那咱还是办公交卡，存它10万块钱的。"

我说："有了公交卡了，咱哪儿都能去了，该琢磨琢磨吃了。"

她嘿嘿一笑："那我天天躲被窝儿里嗑柿子。"

我说："没出息，顿顿都柿子啊？咱得有点儿别的。我就爱吃煎饼果子，以后每个煎饼果子我都要搁俩鸡蛋！"

她说："哼，你以为煎饼果子搁俩蛋就叫有钱人啊？"

我疑惑地问："那有钱人都搁几个鸡蛋啊？"

她说："这个……嗨，干吗问我啊，我也没当过有钱人啊。"

她接着说："有了500万，我可得买两件好衣服。那个牌子叫啥，对了，不邋遢，好多女明星都穿，还有个电影呢，《穿不邋遢的女魔头》。"

我冷笑一声："就你，穿得再不邋遢，看着也像假名牌。要买咱得买小众的，独立设计师设计的，我瞅着那个叫'阿迪嘚瑟'的就不赖。"

"啥'阿迪嘚瑟'啊，那叫阿迪达斯。"她说。

"哎，我还就嘚瑟了，凭什么不让嘚瑟，我都趁500万了！"

她突然想起了什么似的："你说，咱是不是该旅旅游啊？"

我逗她说："上哪儿啊？去趟铁岭？"

她突然害羞了："谁跟你上铁岭啊？要去就去密云，我早就想去密云水库里捞鱼了。"

我说："别说密云了，你就是想去怀柔我也舍得。"

她不说话了，我感到她的双眸在黑夜中闪着光亮，有如撒了荧光粉。过了一会儿，她依偎在我怀里说："铁岭，是咱俩度蜜月的时候去的。"

"哦，对了，"她突然起身，打破了甜美的氛围，"咱先得买个大点儿的桶。"

"买桶做什么？"

"咱这房子不是漏雨吗，老拿痰盂儿接水，一会儿就得倒一趟，咱干脆定制个大盆，一天倒一次就成。"

　　我简直服了她的智商了，有钱了买大桶？开玩笑！那么大桶都装满了，你能拎得动吗？转念又一想，鼻子有点儿酸，说："咱现在有钱了，500万，明儿我就租个好房子，就租楼房中间那层，漏雨有上头呢，渗水有下头呢。对了，房子必须带车库！"

　　"那为啥啊？"

　　"笨啊，老家来了亲戚朋友的咱不就有客房了吗？那面子可就大了去了！"

　　"对了，咱现在这小平房儿门儿太矮了，你进门都得猫腰，咱再租房可得找个门大的。"

　　"就是，这门也太憋屈了，等有钱了，咱修俩门，一高一矮，我用高的你用矮的。"

　　"哼，要我说，咱都是有钱人了，得做点儿公益，捐个希望工程什么的。"

　　我说："你可拉倒吧，我看这个工程没希望，都建多少年了，还没建好。"

　　"那就捐环保组织，给他们买树苗儿，或者捐敬老院，要么就拯救濒危动物或濒危老艺术家。干脆，这些咱都捐点儿。"

　　我立刻鼓掌："我看靠谱，就跟马志明相声里说的似的，'要使那青山常在，绿水长流，大气不污染，地面不下陷，人人住高楼，家家有电扇，坐着大沙发，看着大彩电，穿着小西服儿，吃着炸酱面'。"

　　我女朋友一听来了精神："哎，你说咱俩会不会被载入史册啊？"

　　"肯定会啊，不是说了嘛，现在不让随便拒载，编史册的不载咱俩载谁啊？"

　　"那要超载了呢？"

　　"那就让石屹和志强下去！"

　　她长叹一口气："中500万可太好了，咱干吗不买彩票去？"

　　"要是买了彩票，明天的馒头咱还吃不吃啊？"

# 小偷的留言太搞笑

虽说现在社会治安不错，可是家中失窃现象还是时有发生。毕竟三百六十行嘛，人家那行也还没绝。特别是像我们北漂，住不起高级小区，租房附近环境复杂，梁上君子真要是来了，我们也是防不胜防。

我和我女朋友还没认识时，她自己租房，城中村的自盖楼，墙恨不得跟纸糊的似的，窗户也关不紧，有一次她一使劲儿直接卸了一半。有一天，她回家后，发现家里乱糟糟的，心里知道是遭了贼，赶紧检查了一下，除了一条假的珍珠项链，倒也没丢什么东西（她从不在家里放现金，也没什么值钱的东西）。倒是发现了门把手上别了张字条，上面是颜真卿的楷书："姑娘，一个人在北京闯荡不容易，出门进门千万注意。这次招来了我也就算了，下次可得小心了。"我女朋友说，当她看到这张字条时，心里有种莫名的感动。"我当时觉得他是全北京最关心我的一个，"她转转眼珠说，"不过现在是你啦！"

不过，不是每个人都像她这么"幸运"。比如说我。我刚到北京自己租房，没经验，一点儿防贼意识都没有，结果让贼盯上了，趁我不在家把锁撬了。等我回家，也是乱糟糟一片——不过他来之前也好不到哪儿去。然后，在桌子上发现了一张字条："您也太小气了，家里就三百块钱。我真是瞎了眼，费半个月工夫跟你。"真是岂有此理！拿了我的钱还教训起我来了。三百，三百少吗？我半个月才挣多少钱啊？下次，说什么我都最多留二百！

苏西被偷是在公交车上。她刚上班时，每天都穿着名牌裙，挎着名牌包，可是天天坐公交。有一天，苏西的新皮包被拉了一道一拃长的口子，可是什么都没丢。不光没丢，还多了一样东西——一张字条。上面写着："小姐，背这么高级的包，怎么不多带点儿钱呢？害得我白忙一场，辛苦不说，多跌份儿啊，徒弟们、同行们怎么看我？"苏西盯了纸条三分钟，终于大喊一声："你赔我的LV，花了老娘三百多块呢！"

建国家也遭过贼，那时候他租了一个没装修的毛坯房，连防盗门也没安。没想到，这样的房子，看着都不像住着人的，居然也失窃了！更没想到的是，居然什么也没丢，他刚买的苹果电脑也安然无恙。建国在床头柜上发现了一张纸条，上面写着："兄弟，这么多人家，就你家不安防盗门，啥也不说了，你信得过我，我也信得过你！"建国后来逢人就说这件事，我们都不信——按说这么有品性的贼，怎么会选择偷建国家呢？这也太没挑战性了吧。

最具传奇色彩的，是经理家的两次失窃。按说经理家住的房子，虽然不是什么高档社区，好歹有保安守着，平时我们去他家看他还得先登记呢，因此刚失窃的时候经理挺回不过味儿来的，经理夫人还去物业理论了一番。

没过两天，他家又丢钱了，二百。更可气的是，这位贼也留了一张字条（真不知道怎么现在的贼都爱留字条，难道是行业协会的新规定？）："枕头下头的二百块钱我拿走先用了，现在通货膨胀，二百实在不太够用，请问下次能不能留三百？"经理气急了，但经理夫人是个女诸葛，她说："听这意思，小偷还要三进宫，不如咱们安个摄像头，把他录下来再去报警。"经理一听，觉得有理，花八百块钱买了个摄像头。

第二天一回家，枕头下三百块钱的"诱饵"果然不见了，打开摄像头一看，一个老头大摇大摆地走进他们的卧室，点了点钱，很满意地走了。再细看这个老头，不得了，跟经理他爸长得真像。不对，这就是我爸呀！经理心说，老头儿没事偷什么钱啊？于是闯进父亲的卧室，大声喝问："爸，你说你没事拿我们钱干吗？还以为是招贼了呢。"经理他爸眼皮也没抬："怎么，有钱孝敬小偷，就没钱孝敬孝敬你亲爹呀？"经理一听羞红了脸，这个月媳妇吵着买名牌，花了五千块，给孩子报补习班，花了八百，可就是没想起老父亲来。以前人说："认贼作父"，现在自己成了"逼父成贼"。打那以后，经理每个月的工资先给父亲八百，还经常给父亲买东西，当然，家里再没遭过贼。

谁知道，两年后，经理家又丢东西了，刚买的平板电脑不见了，此外还丢了两千多现金。经理又去问父亲："爸，您要缺钱您说啊，怎么又偷着拿啊？"他父亲一听傻了眼："谁拿了？""不是您吗？"他父亲一拍大腿："哎呀傻小子，这次是真遭贼了，还不快去报警！"

经理报了警，想确定一下还有没有什么丢的，结果又是一张字条："这家的主人：千万别怪我，要不是我们经理克扣我的工资，还诬陷我逼我辞职，我也不至于做贼。听说你也是个经理，不对你下手对谁下手。小偷敬上。"经理一看，这什么逻辑，经理就是同一物种吗？你赶上个坏经理，难道全天下经理都坏吗？我除了有点儿私心，对员工比较苛刻，经常罚他们钱，老让他们加班外，我哪点儿对不住他们了？

后来，贼被抓了，东西还了也认了错，经理竟也有点儿不落忍——也是个计算机系的大学毕业生呢。经理拍拍他的肩膀说："兄弟，出来以后，跟着我干吧。"

# 世上流传最广的谣言

1. 爱迪生说："天才就是 1% 的灵感加上 99% 的汗水。"

没错，爱迪生是说过这句话，不过这只是上半句。他的下半句是："但那 1% 的灵感是最重要的，甚至比那 99% 的汗水都要重要。"

怎么样，有没有一种幻灭的感觉？亏得当年我们还总在作文中引用这句话，只能自己默默擦一把冷汗了。

2. 牛顿是因为被树上掉下来的苹果砸中了头，从而发现了万有引力定律。

事实上，这个故事是启蒙思想家伏尔泰编出来的，据他说，这是他听牛顿的侄女说的，但牛顿老爷子自己的手稿中，从未提及过这个故事。

所以，你明白了吧，为什么牛顿被苹果砸一下就能发现一个改变世界的伟大定律，而你，即使被榴莲砸中，除了血流满面之外也一无所获。重点不在被砸好吗？人家的大脑才是发现万有引力定律的关键啊！

3. 华盛顿小时候砍断了家里的樱桃树，后来诚实地向父亲承认了错误，得到了原谅。

别天真了，这只是美国出版商制造出来的儿童版心灵鸡汤罢了。不然为什么你每次承认错误都被父亲臭揍一顿呢？

4. 菠菜里含有丰富的微量元素铁。

哈哈，你小时候一定是《大力水手》的忠实粉丝吧？大力水手每次一吃菠菜罐头，就能打败那个肌肉如铁砣，汗毛如钢丝的夯货。可是为什么你吃了两斤菠菜，仍然打不过邻居家的孩子呢？

事实上，菠菜中的确含有铁，只是……含量没有那么高啦，要怪都怪当时的科学家看错了小数点。不得不说，这个错误犯得好萌啊。

5. 兔子爱吃胡萝卜。

动画片害死人啊。虽然每集兔八哥都拿着一根胡萝卜嘎巴嘎巴嚼着，其速度有如联合收割机，但是，如果你养过兔子你就会知道，兔子对胡萝卜并无特殊感情。不知道当时有多少小兔子，因为这部动画片而不得不顿顿忍受并不喜欢的胡萝卜啊。

6. 庄子曰："吾生也有涯，而知也无涯。"知识的海洋无边无际，因此我们要不断求索。

如果你相信这是庄子的本意的话，我只能说，呵呵。一个"饱食而遨游，泛若不系之舟"，只求"曳尾于涂"的虚无主义者，怎么会教你要好好读书呢？你以为他是你的班主任吗？

庄子的确说了这句话，可还有下半句："以有涯求无涯，则殆矣。"所以你明白了吗？作文素材书才是这个世界上最大的骗子啊！

7. "生死契阔，与子成说，执子之手，与子偕老"是在赞美爱情的天长地久。

又被爱情小说骗了吧？这句话原本是战士之间的约定，他们相约在沙场同生共死，后来不知怎么变成了说夫妻的。所以，在结婚典礼上看到这句话时，你会不会暗笑呢？这原本是形容搞基的啊，原来搞基才是永恒的主题！

8. "相濡以沫"一直是用来形容爱人之间相互扶持，恩爱和谐的。

好吧，不得不告诉你，这也只是前半句。这次，又是出自《庄子》，它的下半句是"不如相忘于江湖。"它是说，有一天，河流干涸了，河中的小鱼往彼此的身上吐泡泡，相互扶持生存下去。然而，与其相互扶持，挣扎在死亡的边缘，还不如汇入广阔的大江大海，忘记彼此，自由自在地开始新生活。

老实说，你真的觉得往彼此身上吐吐沫很美很浪漫吗？

9. "天地不仁，以万物为刍狗，圣人不仁，以百姓为刍狗"的意思是"天地残暴不仁，把万物当作狗来对待，圣人也一样残暴不仁，把百姓当作狗来对待"。

此句出自老子《道德经》，其意义实际是：天地不感情用事，对待万物一视同仁，而圣人也不感情用事，对待百姓一视同仁。

不要听信什么愤青的话了，"圣人"在古代是受人尊重、品德高尚的人，是个好词，你以为和现在的"专家""公知""微博大 V"一样吗？

10. "世界上最遥远的距离……"是泰戈尔的诗歌。

泰戈尔从未写过这样一首诗，事实上，这首诗出自言情小说作家张小娴女士之手。

我想说："世界上最遥远的距离不是生与死，而是你背诵着我的诗歌，却说泰戈尔写得好美。"

11. "民可使由之，不可使知之"的意思是国家统治人民，只要驱使他们做事就可以了，不必让他们明白在做什么。体现了儒家代表统治阶级的愚民思想。

这句话正确的断句应该是"民可使，由之；不可使，知之。"意思是：人民能做到的事，由他们去做；人民做不到的事，要让他们知道不能做的原因。

好吧，都怪古人没有发明标点符号。

12. 1997 年将会有世界末日。

……

你应该知道这是假的了吧。

13. 2012 年有世界末日。

……

你应该知道这也是假的了吧。

14. 2060 年有世界末日。

……

的确还无法证明这是真是假。但是……你是真的傻吗？ 2012 年约炮，结果世界没有灭亡你却从此成了父亲的教训还不够惨烈吗？到底要被骗几次才能学乖啊？

# 语言也可以杀人

　　"良言一语三冬暖，恶语伤人六月寒"，用语言杀人，虽不见血，却足以让人心脉俱断。有时候，言语犀利让人听着过瘾，忍不住击节叫好，有时候，也会显得刻薄无情。

　　建国是个很勤奋、很有志向的青年，怎奈事业爱情皆失意。他的上一任（也是唯一的一任）女朋友长得很可爱，笑一笑嘴角都能渗出蜜汁来——刚喝的蜂蜜水，但不管怎么说，建国能追到她，觉得自己是捡到宝了，含在嘴里怕化了，捧在手里怕碎了，藏在兜儿里怕洗了，窝在鞋寒儿里怕沤了，总之，心疼得不得了。这位小女朋友，可爱倒是可爱，就是性格比较骄纵，没办法，从小就是小公主嘛。

　　这样的姑娘，怎么可能被建国追到呢？这就全凭建国的魅力了。建国之前追了她半年多，有一次，建国问她："你是喜欢我强健的身躯呢，还是我过人的才华？"这姑娘答道："我就喜欢你这份幽默感。"建国听了这话不好意思，脸唰就红了，捅了姑娘一下，说："你终于承认喜欢我了。"于是，在建国的死缠烂打之下，本着"闲着也是闲着"的指导思想，姑娘就成了建国的女朋友。

　　有一天，建国的小女朋友说晚上要和闺密一起去看电影，和建国的约会取消。建国很失望，但还是说："那你们几点看完，我去接你然后送你回家吧。"

　　小女朋友眼睫毛一撩，说："用不着，我自己能回去。"

　　建国说："那可不行，你一个女孩，晚上一个人多不安全啊。"

　　小女朋友嘴一噘："都说不用了，一起去的有男生，会送我的。"

　　建国下巴差点儿掉脚面上："啊？你不是说和闺密吗？"

"怎么了？男闺密，不许啊？"

"许，许，没不许。那我不是你男朋友吗？护送你回家是应该的。"

小女朋友不张嘴，用鼻子哼哼着说："就你那破二八横梁自行车，可着北京城都找不出第二辆了，坐那个我还不如走回去呢。"

建国说："那我不用那个，我打的。"

小女朋友说："得了吧，你我还不知道，打的，你舍得吗？别又才走一半就下来了，说什么走路好，可以锻炼身体。要锻炼我上健身房，才不跟你轧马路呢。"

建国说："我保证不了还不行吗？我就让出租车把你送到家门口。"

小女朋友说："哎呀都说多少遍了，不用，你别在我这儿犯贱了。"

建国一听可就不干了："这怎么能叫犯贱呢？我不是不放心你吗？"

小女朋友说："这还不叫犯贱，知道什么叫多余吗？你就是夏天的暖气，冬天的风扇，下雨天的太阳镜，晴天的大雨衣，一层楼的电梯，光棍儿家的厨房——要你干吗用啊？非把自己当根葱，谁拿你蘸酱啊？非把自己当酵母，谁用你发面啊？非把自己当泡尿，谁拿你和泥啊？"

听完了这一篇宏论，建国硬是三分钟没说出一句话来，半天憋出一句："我才发现你适合当演说家。"

她女朋友又是一哼："那还不是拜你所赐，贱人一个，就是通货膨胀再厉害，你也还是贱，贵不起来。"

于是，建国终于没能送成他的小女朋友，但他还是很自豪："看我女朋友，多聪明，多有才，多能言善辩！跟天气似的，一会儿一个主意，透着这么机智。"他女朋友听了说："人聪明了就像天气，多变；人笨了就像天气预报，天变了他都看不出来。"

建国常对着他女朋友说："你别看我现在穷，但我已经走在通向成功的路上了。"

"是吗？这条路是不是正在施工中走不了呢？"

后来，女朋友终于决定和建国分手了。她知道，要是直接说，像建国这种轴人一定接受不了，于是想了个办法。有一天，她把建国叫到家里，问他："亲爱的，我给你变个魔术好吗？"建国心想，平时都是我想办法逗她开心，今天怎么反过来了，赶紧说："好啊好啊！"他女朋友转了一圈，一拍手"啪"："现在你没女朋友了！"

于是建国失恋了……

当然，建国不会轻言放弃的，毕竟是追了好久才追到手的。分手后他还经常给女孩发短信、打电话，女孩也很有风度，对他挺客气。一天，他在电话里说："这么久了，我还是忘不了你。你呢？你已经忘了我吗？"

"当然不会。"

"真的吗？看来我们还可以……"

"因为我从来就没记得过你啊。"

我听了建国的恋爱经历后安慰他："没事，兄弟，天涯何处无芳草，这事说白了吧，你根本就不是她的'恋爱对象'，充其量是'练爱对象'。"在我的抚慰之下，建国彻底颓了。

其实这事绝对是他女朋友的责任，连我女朋友听了都觉得实在不像话。

"哎，她凭什么这么对建国啊？人家对她掏心掏肺的，她就这样一走了之。"

"没办法，人长得漂亮，有资本呗。"

我女朋友一听变了脸色："她长得漂亮？她有资本？你的意思是我不漂亮呗。"

"我可没这意思，我最听不得你说自己不漂亮了，因为你跟漂亮，有关系吗？"

我看我们的关系也有点儿悬了。都怪我这张嘴。事实证明，如果你不准备失去一个人，就千万别损他。

# 外星人发布的地球人调查报告

在该星球上，有一种叫作"人"的奇怪生物。此物种是最难以解释的宇宙之谜。

此种生物身体局部有毛发覆盖，大部分地方皮肤裸露在外。此种生物大体上有黑白黄三类，细分还有棕、红等品种。其中，白色的一类认为自己最高贵，而黄色的一类最看不起黑色的一类，黑色的一类则认为白色的一类如同鬼怪。他们的共同点在于，都认为他们与不同颜色的"人"之间的差距，远大于他们与我们之间的差距。

此种生物的面部有眼、耳、鼻、嘴等多个孔洞。通过不同人孔洞的位置、形状，他们得出此人是"美"还是"丑"的结论，进而由此决定对他或她的看法。孔洞的位置与形状，对于一个"人"的受欢迎与尊重的程度、财富拥有程度、社会地位有着十分重要的影响。

此种生物可分为"男""女"两种。据说，这种区别标准在于"男"和"女"的来源不同，一个来自金星，一个来自火星。但据我们对于金星和火星的调查，这两个星球应该与"男""女"并无任何直接或间接的关系。"男"与"女"之间的关系微妙而复杂，他们明明不能理解和认同彼此，却相互依附。"男"通过占有"女"的数量和质量来显示在同类物种中的地位；而"女"通过占有她的"男"的地位和财富，来获得存在感和生存的意义。据分析，"男""女"之间这种复杂的依附关系，可能与他们生息繁衍的本能有关。人类中，男女分别占有一半的产生后代的组建，双方通过生殖器对接的方式使组建得以组装，在"女"体内孕育十个月后，即可产生一个至多个的后代。

　　此种生物还把地球分成不同部门，并将其命名为"国家"。一个国家的人，必须对其国家产生"爱"这种感情，否则便要遭受攻击和辱骂。不同"国家"的人之间，关系复杂程度不低于"男""女"之间。在"爱"自己国家的基础上，必须"恨"与自己国家有矛盾的国家，否则要遭受残酷打压。

　　至于是否存在矛盾，往往由一个国家被称为"元首"的个体决定。不同国家的"元首"，在不同程度上可操控该国其他的个体，并建立负责的等级制度。由于对制度不满，又无力抵抗，于是人类发明了"网络"。

　　在此种生物眼中，一种纸质或金属质地的物品的重要性无与伦比，他们将其称为"货币"或"金钱"。对人类中的大部分来说，"金钱"及其带来的副产品是其生存的全部意义，剩下的少部分人由于一出生就已经拥有了"金钱"及其所带来的副产品，而认为生存根本没有意义。

　　此种生物目前尚无法进行精神沟通，只能依赖"语言"与"文字"，由于"语言"与"文字"本身存在谬误，以及"谎言"的存在，所以此种生物彼此在相处中并不能理解彼此。不仅如此，此种生物所表达的和真实的想法往往大相违背。在"爱"你的时候，往往说"不爱"，在"恨"你的时候，往往说"爱你"。因此他们依赖"语言"和"文字"，又不相信"语言"和"文字"，他们往往靠揣测、哄骗、威胁甚至暴力等方式来获知真相。

　　该种生物认为自己与同处地球的其他生物均不同，其原因在于"人是具有理性的生物"，然而该种生物的"理性"往往屈从于"欲望"，对此，人类深以为耻。

　　目前，该种生物已进行多次对宇宙的探测，并多次往返其他星球，这是一个危险的信号，因为该生物一旦到达并可成功控制一个地方，那个地方便要遭受灾祸。因此，我们提请绞杀地球人，以维护星际和平和宇宙安全。

# 唐僧师徒秘史

据说，经典之所以成为经典，就是因为具有无限的阐释空间。比如文学名著《西游记》，即使有再多的翻拍，依然无法使人们对于解读它的热情稍稍减少半分。有些问题，你以为你已经知道了，其实不然。这部小说，远比你想象的要复杂深刻得多。

比如，孙悟空是怎么死的？

首先，他可能是被嘲笑致死。

据说，孙悟空大闹天宫时，玉帝拿他毫无办法，只好请来了如来佛祖。

佛祖问他："石猴，你有何本领？"

孙悟空道："我一个跟头十万八千里，还会七十二般变化。"

佛祖道："如此，变只蚂蚁来看。"孙悟空弯腰伸腿，变作一只蚂蚁。

佛祖道："变只雀儿来看。"蚂蚁前肢一摆，扑棱棱一只雀儿飞到如来肩上。

佛祖又道："变只蜥蜴来看。"雀儿颔首，一只蜥蜴趴下。

佛祖大赞："牛逼！"

蜥蜴一回身，变！

众仙嗤笑："好一只淫猴！"

孙悟空从此再无颜面留在天界，也不敢回到人间，只好躲到阴曹地府去了。

第二，他还可能是笨死的。

当年孙悟空看守蟠桃园，适逢王母举办蟠桃大会，吩咐七仙女先去蟠桃园中采摘仙桃。

七仙女来到园中，正待要采，被孙悟空看到，施了个定身术，定住了七位仙女。谁知道，这货居然一转身吃桃去了，让七位仙女好等！于是，孙悟空就此笨死，三界中再无齐天大圣。

第三，也是最有可能的，孙悟空是被唐僧折磨死的。

话说唐僧晚上歇下后，孙悟空怕师父遭遇不测故而守在一旁。第二天唐僧醒来，发现孙悟空身体冰冷，气息全无，登时落下泪来，忙问八戒沙僧："悟空是怎么死的？"

八戒答道："被您的梦话折磨致死。"

唐僧答道："吾徒悟空，乃天产石猴，又有这一身本事，上天入地无所不能，怎会被梦话折磨死？出家人不打诳语，悟净，你来告诉为师真相。"

沙僧道："师父，二师兄说得对啊！昨晚你说的梦话全是紧箍咒，生生把大师兄给勒死了。"

这部小说引起人兴趣的，还不光是对人物命运的猜测，其中当时社会与当下时代的对比，也颇发人深省。于是，总有人要问，如果唐僧师徒生活在当今社会会如何。我想会是这样——

自从有了智能机，唐僧再也顾不上唠叨徒弟了。有一天，孙悟空要去化缘，怕师父被妖怪掳去，用金箍棒在地上画了个圆圈，让唐僧站进去，并嘱咐唐僧："师父，看此处尽是险山恶水，定有妖怪出没，徒儿在此画圈，在我圈中，百妖莫入，可保师父无虞；在我圈外……那可就没有 Wi-Fi 了。"

于是唐僧安心待在圈中玩手机，再无妖怪来扰。

不仅如此，唐僧还是微博大 V 玄奘仁波切，自从迷上微博，学了一嘴的网络语言，把那佛经也抛在脑后。

一日，师徒四人路过某村落，唐僧叩门请求借宿。开门后，唐僧言道："亲，贫僧自东土大唐而来，前往西天拜佛求经，路经宝地，天色黯淡，求收留，求借宿。哎，哎，老人家莫要辱骂，哎，为何动手？哎，我擦，当时我就愤怒了，悟空，削他！八戒悟净，团结正能量，黑他没商量，不打你个满地找牙决不罢休，善了个哉的！"

悟空见唐僧耍得开心，自己也弄了一部手机，天天给唐僧打电话。唐僧长期漫游，不欲接悟空电话，又不好不接，只好想出一计。一日，悟空拨通了师父的电话，放在耳边一听，立刻挂断。嘴里骂道："这老和尚，竟拿紧箍咒做彩铃！"从此，唐僧再没有接到过悟空的电话。

师徒四人经过平顶山时，遇金角、银角二妖。金角大王持紫金葫芦大声喝道："孙猴，我叫你一声你敢答应吗？"悟空答道："有何不敢？"金角叫道："孙行者。"悟空道："爷爷在此！"遂被收入葫芦之中。未几，只见六耳猕猴、二郎真君、三太子哪吒、行者武松、苍井空纷纷进到了葫芦之中。悟空不解："你们是怎么进来的？"这时，紫金葫芦说话了："这些都是你可能感兴趣的人。"

其实，《西游记》最有价值的部分，就是其对于现实社会的映射。这不仅仅是一部神话，更是一部人间指南。

话说，孙悟空在如来手指上撒了一泡猴尿后，过了两千年，一中国男子在埃及旅游时，在古迹上刻下了"×××到此一游"，因此被同仇敌忾了。该男子气不过："凭什么孙悟空尿尿都可以，我刻个字就不成。"早已是斗战胜佛的悟空拈花一笑："兄弟，你知道我在尿完尿后被判了500年吗？你知道刑满释放后我又忍受了14年的劳动改造吗？你知道在劳改期间领导一不高兴就会来夹我脑袋吗？你知道我被迫潜逃出境，逃亡印度吗？你只是被骂而已啊。"

唐僧取经归来后闲来无事，便和孙悟空一起报名去参加《非诚勿扰》。节目上，孙悟空一出场便24盏灯全灭，唐僧却直到最后都一盏未灭。某女嘉宾发言说："1号男嘉宾孙悟空一没钱，只有一根儿破铁棒和一件虎皮裙；二没事业，当保镖太危险还得出差；三来还有前科，在五指山第一监狱待了500年；四来对女生不温柔，有暴力倾向；五来长得丑不说，还没教养，毛手毛脚的。2号男嘉宾唐长老，一是公务员；二是海龟，会梵文；三来是御弟，上面有人办事方便；四来还长得帅；第五，最关键的，有宝马，我宁愿坐在宝马上哭，也不愿趴在筋斗云上笑！"

# 历史上最有才的墓志铭

"将来你准备怎么写你的墓志铭？"文艺青年喜欢这样问，当然，得到的大部分回答都是普通的，也会有一些文艺的，但是能给人留下深刻印象和启迪的，还是二逼的。

我曾经这样问过我女朋友，那夜风轻云淡，月明星稀，她的眸子亮得仿佛宝石。"墓志铭啊，我希望是这样的：她的一生去过很多地方，读过很多书，爱过很多人。"她看着我，梨涡浅淡。我咬了咬牙。"怎么，吃醋啦？""没有，"我顿了顿，"我明天就去派出所，把我的名字改成'很多人'。"

后来，我还真仔细想了想这个问题，问了很多人，也查了很多资料。比如，我问建国，他呵呵一笑，说："我都这么大了，一次恋爱也没谈过，我在北京买不起房，连租也租不着称心的，所以墓志铭我准备这么写，'求合租，一居室，限异性，房租面议。'"

阿发听后说："建国啊，你生前已然这么惨了，死后还能桃花泛滥吗？干脆这么着，我跟你去合住得了，你出房租，我给你解闷儿。对了，有了我，你的墓志铭也可以换了，用我的吧，我希望是这样的，'我认为，我还可以再抢救一下。'"

据说，玛丽莲•梦露的墓志铭是几个数字和字母："37,22,35，R.I.P"。三个数字分别是梦露的胸围、腰围和臀围的英寸数，而字母则代表就此长眠，足见梦露对她身材的骄傲和对美的热爱。苏西听了这个故事说，那我以后的墓志铭，应该是："36,22,26"，建国听了以后问："怎么，这是你三个人生阶段的智商吗？"苏西一听脸就沉下来了。我一看，得赶紧劝劝，赶紧骂建国："怎么说话呢？不懂不要乱说。什么智商啊，这是人家苏西高考时的语、数、外三科的成绩。"

张公子最爱玩潇洒，他说："你们怎么都这么看不开，死都死了，非得留下个肉身，留下也就留下了，非得插个牌子，跟卖元宵的要区别是黑芝麻馅儿还是烂谷子馅儿似的，有劲没劲？"

我冷笑一声："依您张公子看，人死了该怎么办啊？"

张公子向后一撩刘海儿说："要照我，死都死了，把尸体烧成灰，把灰倒马桶里一冲了事。干净利落。"

阿发说："这才真是'来也匆匆，去也冲冲'呢，可惜您不要墓志铭，不然我看这句就挺合适。"

小慧说："张公子，请问冲您的时候，能让我去按马桶按钮吗？"

阿强从小在大杂院长大，家里七口人挤两间屋，工作以后跟八个人合租一间民房，他说，他这辈子最大的愿望，就是住单间，特安静，一个说话的都没有，因此他准备这样写他的墓志铭："住在里面的这位先生一生渴望安静，如果您不准备把他吵醒，请不要出声。"

阿发说："这是你，我可不成，我就怕一个人太寂寞，想想死了以后，一个人住一个小房间里，自己出不去，别人进不来，还不得把我憋死。干脆，我的墓志铭就这么写吧，'陪你说说话，陪你聊聊天，陪你唠唠嗑，工作地点长居此地，提供夜间上门服务。'这么一来，不光我不闷，也为阳间的寂寞男女送去了福音，这才叫积阴德呢。"

小慧说："这都是什么乱七八糟的，听着都瘆得慌，要是我，我高兴还来不及呢，终于把肥肉都减掉了，看谁还说我胖。墓志铭就写'住在这里的是一位骨感美女。'我也终于能因为身材自豪一回了。"

苏西听了从鼻子里哼了一声："怎么？难道死了的'骨感美女'也有人约吗？"

16世纪德国数学家鲁道夫毕生钻研圆周率，把圆周率计算到小数点后35位，是当时世界上最精确的圆周率数值。他的墓志铭就是他这一成就："$\pi$ =3.14159265358979323846264338327950288"。

经理说："你们这些编程序的，要都有这个精神，早都成业界精英了。"

我说："那还不好办，等我死了，也把现在没编完这套程序写墓碑上。"

经理说："你什么意思？合着有生之年是不准备编完了是吧？"

我赶紧说："不是不是，经理，您误会了，我这不是想证明自己很敬业吗？要不这样得了，我就这么写，'您访问的墓志铭不存在。'别人一看，这该是个多么敬业的 IT 工作者啊！"

于是，经理露出了满意的笑容。看着他的笑容，我心中默默地想，究竟什么样的墓志铭适合经理呢，我学一休就地打坐，用两根食指蘸了一下口水，在头上画圈圈，"叮……"有了！就一个字"拆"，再加个圆圈画个叉，显然，这再合适不过了。